大宇宙奇旅

张端明 何敏华 著

科学，那些不可思议的事

长江出版传媒 ｜图 湖北教育出版社

(鄂) 新登字 02 号

图书在版编目 (CIP) 数据

大宇宙奇旅/张端明,何敏华著.
—武汉:湖北教育出版社,2013.2 (2020.11 重印)

ISBN 978-7-5351-7947-0

Ⅰ.大…
Ⅱ.①张… ②何…
Ⅲ.宇宙－普及读物
Ⅳ.P159-49

中国版本图书馆 CIP 数据核字 (2012) 第 236592 号

出版发行	湖北教育出版社
邮政编码	430070　电　话　027-83619605
地　　址	武汉市雄楚大道 268 号
网　　址	http://www.hbedup.com
经　　销	新 华 书 店
印　　刷	天津旭非印刷有限公司
开　　本	710mm×1000mm　1/16
印　　张	11
字　　数	146 千字
版　　次	2013 年 2 月第 1 版
印　　次	2020 年 11 月第 4 次印刷
书　　号	ISBN 978-7-5351-7947-0
定　　价	24.00 元

如印刷、装订影响阅读,承印厂为你调换

第一章

星河欲转千帆舞
——奇妙的星际之旅

　　本书将带领读者探索我们宇宙的奥秘:我们观测的宇宙从何而来,演化到什么地方去。中心的问题是宇宙如何创生的。用术语来说,就是探讨早期宇宙学问题。20世纪科学的发展,使人们了解到我们观测的宇宙并不是永远不变的,而是由无到有,经历了创生、暴胀膨胀和正常膨胀的演化过程。读者在本书将会看到,爱因斯坦在20世纪20年代所提出的广义相对论是现代宇宙学的理论基础,而高能物理学在20世纪的飞速发展为现在宇宙学提供了坚实的科学工具。天文学的观测资料,包括射电天文学等现代观察手段为宇宙学的发展增添了飞翔的翅膀。20世纪与21世纪之交,众多观察卫星:哈勃天文望远镜、开普勒望远镜和普朗克望远镜等陆续升天,提供的大量丰富的观察资料,更为宇宙学的成熟和腾飞提供了丰饶的土壤。

在进行宇宙探秘的奇妙旅行之前,我们应该记住宇宙的创生和演化的许多秘密,与微观世界——小宇宙是分不开的,以至于科学家称极早期宇宙学为粒子宇宙学。因此,大宇宙探秘往往与小宇宙紧密相关。关于小宇宙,作者另一本著作《庭院深深深几许——小宇宙探微》已有生动的描述。大体而言,本书是自成体系。若希望穷究相关问题,读者不妨把两本书参阅来看。人类无论是探索大宇宙的奥秘还是小宇宙的玄妙,都是充满勇气和智慧的伟大征程。

在进行探秘之前,首先浏览我们观测的宇宙的现状大致是什么样子。

我们现在开始宇观世界——大宇宙的旅行。我们人类生活在地球上,奇妙的星际之旅第一站就是太阳系。

▲ 图1-1　太阳系(最左侧是太阳,向右依序为水星、金星、地球、火星、木星、土星、天王星、海王星与矮行星冥王星)

太阳系(Solar System)就是我们现在所在的恒星系统。它是以太阳为中心,和所有受到太阳引力约束的天体的集合体:8颗大行星(水星、金星、地球、火星、木星、土星、天王星、和海王星)、至少165颗已知的卫星,和数以亿计的太阳系小天体。这些小天体包括小行星、柯伊伯带的天体、彗星和星际尘埃。广义上,太阳系的领域包括太阳,4颗像地球的内行星,由许多小岩石组成的小行星带,4颗充满气体的巨大外行星,充满冰冻小岩石、被称为柯伊伯带的第二个小天体区。在柯伊伯带之外还有黄道离散盘面、太阳圈和依然属于假设的奥尔特云。现已辨认出5颗矮行星:冥王星、谷神星、阋神星、妊神星和鸟神星。其中冥王星原来一直被列为9大行星之一,但2006年8月24日国际天文学联合会将其"开除"出大行星行列，认定为矮行星。

太阳系的主角是位居中心的太阳，它是太阳系中唯一自己发光的恒星。拥有太阳系内已知质量的 99.86%，大约为 2×10^{30} kg（而地球的质量不过 6×10^{24} kg），并以引力主宰着太阳系。木星和土星，是太阳系内最大的两颗行星，又占了剩余质量的 90% 以上。

在星际旅行中，我们必须提到两个空间量度单位：光年和天文单位。所谓光年就是光在一年时间跑过的距离。我们都知道，光在一秒内要跑三十万千米，就是说要绕地球七圈半。折合为千米，很容易得

1 光年=299776 千米/秒（光速）× 31558000 秒（一年）=9.46×10^{12} 千米，就是说，大约 10 万亿千米，或 1 亿亿米。这自然是一个庞大的数字。

光华万丈的太阳距离地球约一亿五千万千米。如果我们坐特快火车以每小时 80 千米的速度昼夜行驶，足足需要 210 年。但是光从太阳传播到地球，不过八分钟而已。

天文单位（Astronomical Unit，简写 AU）是一个长度的单位，约等于地球跟太阳的平均距离，天文常数之一。天文学中测量距离，特别是测量太阳系内天体之间的距离的基本单位，地球到太阳的平均距离为一个天文单位。一天文单位约等于 1.496 亿千米。1976 年，国际天文学联合会把一天文单位定义为一颗质量可忽略、公转轨道不受干扰而且公转周期为 365.2568983 日（即一高斯年）的粒子与一个质量相等约一个太阳的物体的距离。当前被接受的天文单位是（149597870691 ± 30）米（约一亿五千万千米或 9300 万英里）。

在太阳系中，例如，金星在水星之外约 0.33 天文单位，而土星与木星的距离是 4.3 天文单位，海王星在天王星之外 10.5 天文单位。

我们的太阳系有多大？估计太阳的引力可以控制 2 光年（125000 天文单位）的范围。奥尔特云向外延伸的程度，大概不会超过 50000 天文单位。尽管发现的塞德娜小行星，范围在柯伊伯带和奥尔特云之间，仍然有数万天文单位半径的区域是未曾被探测的。水星和太阳之间的区域也仍在持续地研究中。在太阳系的未知地区仍可能有所发现。

我们航行的第二站是银河系。银河系(the Milky Way 或 Galaxy)是太阳系所在的恒星系统,包括一千二百亿颗恒星和大量的星团、星云,还有各种类型的星际气体和星际尘埃。它的直径约为 100000 多光年,中心厚度约为 12000 光年,形状很像一个扁平的大铁饼,总质量是太阳质量的 1400 亿倍,其中 90% 集中在恒星,只有 10% 弥散于星际物质。银河系是一个旋涡星系,具有旋涡结构,即有一个银心和两个旋臂,旋臂相距 4500 光年。太阳位于银河一个支臂猎户臂上,至银河中心的距离大约是 26000 光年。太阳绕银心一圈要花二亿多万年。

▲ 图 1-2 银河系

自从伽利略首先用望远镜观察银河,人们已知道,银河是由许多像太阳一样的恒星组成的天体系统。但是在古代,晴朗的夜空,美丽的银河,勾起人们无穷的遐思和梦幻。唐代大诗人李贺的著名诗句:"天河夜转漂回星,银浦流云学水声。玉宫桂树花未落,仙妾采香垂珮缨。" 写得何等瑰丽多彩,灵气活现!

银河在英语中是 milky way。20 世纪 30 年代,一位颇负盛名的翻译家直译银河为牛奶路,被鲁迅先生嘲笑。在希腊神话中,横贯天际璀璨夺目的银河,乃是古希腊神话中万神之王宙斯的妻子、天后朱诺的乳汁形成的。话虽如此,那位翻译家也太"死板"了。

康德在 1755 年指出,银河系在宇宙中决不是孤立集团。广漠的天空,必定有大大小小的天体系统星罗棋布,宛如无垠的海洋中漂浮的岛屿,成群成团,数不胜数。这就是所谓宇宙岛,或称岛宇宙。我们的银河系是其中一个,其他的则称银河外星系。

法国物理学家郎伯特(J. Lambert)在 1761 年提出阶梯宇宙结构模型。他在其名著《宇宙论书简》中写道,太阳系是宇宙结构的第一级,星系中的庞大星团是第二级系统,银河系是第三级天体系统,许许多多像银河系一样的星系构成第四级,如此等等,以至无穷。

我们现在也已查明,宇宙中大约分布着数以百亿计的像银河系一样的星系。美国天文学家埃德温·哈勃提出的星系类体系迄今仍为人们广泛应用。他将星系划分为椭圆星系、旋涡星系、棒旋星系和不规则星系几大类。椭圆星系是卵状的,其大小可达我们银河系的三倍。像我们银河系这样的旋涡星系都有若干条旋臂,它们沿着一个半圆弧往外甩出去。棒旋星系有棒状的核,并从棒的末端弯出两条旋臂。下图中未画出不规则星系,不规则星系外形不规则,没有明显的核和旋臂,没有盘状对称结构或者看不出有旋转对称性的星系,所包含的恒星数目也较少。

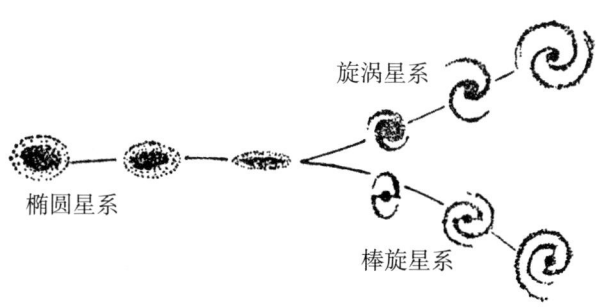

▲ 图 1-3　哈勃的星系分类图

银河系是典型的旋涡星系。最大的旋涡星系质量可达太阳系的 4000 亿倍,小的却不过 10 亿个太阳系而已。所谓不规则星系,其实就是小的涡旋系。

因为质量太小，以致无法保持旋盘和旋臂的稳定规则形状，外貌显得"蓬松"。

椭圆星系外观呈球形和椭球形，其中的恒星是在星系形成的时候一起产生的。最大的椭圆星系可拥有一万亿个恒星，小的则不足一百万个。

▲ 图1-4　旋涡星系

▲ 图1-5　椭圆星系

▲ 图 1-6 棒状星系

▲ 图 1-7 不规则星系

　　星际旅行的第三站是本星系群。本星系群是包括地球所处之银河系在内的一群星系。这组星系群包含大约超过 50 个星系，其重心位于银河系和仙女座星系中的某处。本星系群中的全部星系覆盖一块直径大约 1000 万光年的区域。本星系群的总质量为太阳系的 6500 亿倍，银河系和仙女星系二

者质量之和占了绝大部分。本星系群是一个典型的疏散群，没有向中心集聚的趋势。但其中的成员三五聚合为次群，至少有以银河系和仙女星系为中心的两个次群。本星系群又属于范围更大的室女座超星系团。

▲ 图 1-8　本星系群

　　星际旅行的第四站是本超星系团。本超星系团（Local Supercluster，简称LSC 或 LS）是个不规则的超星系团，其核心部分包含银河系和仙女座星系所属的本星系群在内，至少有 100 个星系团聚集在直径 1 亿 1 千万光年的空间内，是在可观测宇宙中数以百万计的超星系团中的一个。本超星系团的核心浓密部分，直径约为 2 亿光年，周围呈纤维状延伸，其长度有 5 亿光年。

　　近 10 年天文观察资料表明，类似于超本星系团这样的庞大超星系图，至少超过 100 万个以上。在后发星座方向，约 4 亿光年之遥处，便存在一个巨大的超星系团，包含的星系比本超星系团还要多 10 倍以上。仔细的观察清楚显示，超星系团呈细胞脉络状或蜂窝状，其结构在不断膨胀。超星系团是迄今发现的最大的宇宙结构。

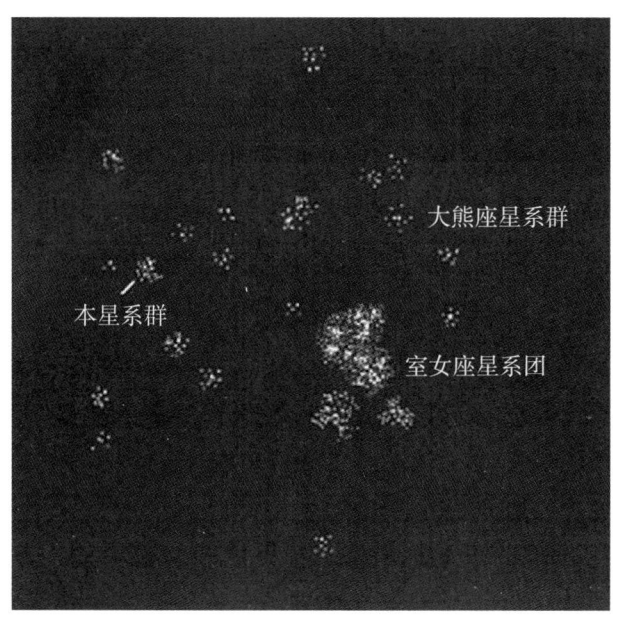

▲ 图1-9　本超星系团分布略图

最新的观测资料表明,我们观测的宇宙是有限的,其线度大约为137.8亿光年。我们的星际旅行表明:我们的宇宙呈现梯级型结构,可以说是三级宇宙模式,即

星系(如银河系)　第一级

星系群或星系团(如本星系:室女星系团)　第二级

超星系团(如本超星系团)　第三级.

其中星系群或星系团虽归于同一等级,但一般来说,前者包含的星系不过几十个星系,后者则指含较多星系的天体系统,其中可达几千个星系。

超星系团尽管庞大,数目众多,但就整个观测宇宙来说,也只占空间的十分之一。其余浩瀚的太空竟然没有星星分布,空空如也!

第二章

遂古之初,谁能道之?
——宇宙学发轫

吾与汗漫期于九垓之下,吾不可以久驻——大、小宇宙研究相互促进

坐咏谈天翁,眇观大瀛海——天问的故事

千钧霹雳开新宇——伽莫夫"大爆炸模型"

风乍起,吹皱一池春水——微波背景辐射的发现

吾与汗漫期于九垓之下，吾不可以久驻
——大、小宇宙研究相互促进

我们在宇宙物质之谜的探索征途中，早就发现物质的结构在尺度上和能量上呈现不同的层次。我们还知道，这种层次的划分，使空间尺度与能量尺度存在确定的对应关系。我们关心的极微世界，空间尺度最小，大约只有 10^{-18} 米～10^{-15} 米。即能量尺度相当于 100 吉电子伏到几个兆电子伏。目前加速器探测的最高能量是 5000 吉电子伏，相当的空间尺度 10^{-20} 米～10^{-19} 米。这就是研究极微世界的科学，所谓基本粒子物理学（physics of elementary particles）何以又称高能物理学（high energy physics）的原因了。

随着空间尺度加大或能量的减少，依次是原子核物理学、原子物理学和分子物理学研究的领域。原子或分子聚集起来，就会构成我们常见的聚集相：气相、液相和固相（通常称为物质三态），以及介乎固相与液相之间的中间相，如液晶（你见过液晶手表吗？）、复杂流体与聚合物等软物质。研究这些形态的物质的物理学分支，称为凝聚态物理学（condensed matter physics）。

由带电的正、负粒子构成另一类气相物质，在整体上、宏观上是电中性的，称为等离子体，相应的物理学分支称为等离子物理学（plasma physis）。固体力学与液体力学研究的是大尺度的固体与液体运动的规律。

继续扩大物质研究的空间尺度，就进入地球物理学、空间物理学和行星物理学的领域。进而扩展到太阳、银河星系、本星系、本超星系团，乃至整个宇宙，这就是天体物理与宇宙学的领地了。

试看图 2-1，图的底部为空间尺度最小，但能量最高的极微世界；图的顶端则是茫茫宇宙、浩浩太空。两者一个最小，一个最大，乍看起来，南辕北辙，风马牛不相及。然而天下的事，无奇不有。大、小宇宙的物质运动规律竟然殊途同归，大有合二为一的趋向呢！这正印证了中国的古语：相反相成。人们感到,极微世界的许多难解之谜的谜底,也许可在茫茫宇宙的疑云怪雾中找到呢!

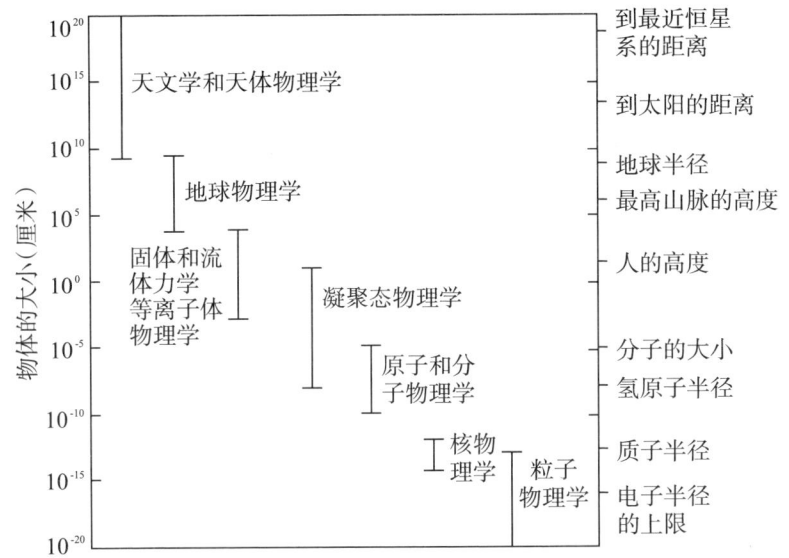

▲ 图 2-1 物理学的各分支与相应结构尺度

你可知道,现代宇宙学的所谓大爆炸标准模型原来就是建立在现代粒子物理的基础上。大爆炸瞬间(极早期宇宙)为我们提供超高能、超高压、超高温的极端条件,是现代高能物理实验基地、加速器不可能达到的。早期宇宙实际上就是粒子物理的天下。我们也许可以毫不夸张地说,对于高能物理的研究,就是对宇宙的"考古学"研究。越是追溯到更早期的宇宙,就能探索到更高能量(因而是尺度更小)的现象。我们观察到许多遥远天体(远至 100 多亿光年)的信息,不就是进行宇宙学考古吗?

幸运的是,茫茫宇宙不仅在其早期经历了超高能、超高温、超致密、超高压的大爆炸阶段,而且时至今日还不断闪现许多奇异的"爆发"。达到的能量则让人类的加速器望洋兴叹。1979 年 3 月 5 日,一颗人造卫星探测到大麦哲伦星云中发生的一次特大γ射线爆发,持续时间为 0.15 秒,辐射能量超过 10 万亿亿亿亿焦耳。如果折合成煤,相当于燃烧掉 5 万个地球质量的煤!

我们也许不会忘记,从 20 世纪 30 年代起,人们就从宇宙深处的神秘来客——宇宙射线中,发现正电子、μ介子、中微子以及许许多多奇异粒子,给极微世界的探索送来阵阵春风。对于在微观世界遨游的勇士,"上帝"是从来不吝惜"天机玄旨"的。

其实,大宇宙的研究和发现一直在丰富、扩展和深化人们对小宇宙的探索。这样的例子举不胜举。

人类历史上第一次测定光速,就是勒麦(O. Romer)在1676年根据木星的一个卫星蚀的延迟现象进行的,尽管数据结果不十分精确。但是直到将近200年后,即1849年,斐索(A. Fizeau)才开始在实验室利用转动齿轮测定光速。

正是由于丹麦杰出的天文学家第谷(B. Tycho)所积累的丰富和精密天象观测资料,才会有开普勒(J. Kepler)行星运动三大规律的发现,从而导致牛顿万有引力定律在1686年的发现。我们知道,100多年以后,卡文迪许(H. Cavendish)才在剑桥大学的实验中,利用库仑的扭摆秤,测定万有引力常数G。

1825年,法国哲学家孔德(A. Comte)断言,"恒星的化学组成是人类绝不可能得到的知识"。34年以后,德国物理学家基尔霍夫(G. R. Kirchhoff)和化学家本森(R. W. E. Bunsen)解开了光谱之谜,发现光谱线与化学元素的一一对应关系。在1884年,由于瑞士人巴尔末(J. Balmer)发现氢元素光谱中有14条谱线构成一个有规律的系列,现在人们称为巴尔末系。以后人们又发现其他的光谱系列。光谱系以后成为揭开原子核外电子壳层秘密的"密码",甚至在现代量子论的建立中也扮演关键角色。

1868年,洛克耶(J. N. Lockyer)研究在日食发生时太阳色球层光谱,结果解开了太阳的化学组成之谜。原来太阳中无非钠、钙、铁、镍等元素,当然也有意料不到的新发现,如在钠的谱线周围有一条陌生的线,在地球上各元素中找不到这条谱线。洛克耶命名发射陌生谱线的元素叫氦,意即太阳元素。40年后,人们在地球上找到了氦。氦在地球上含量甚少,又是惰性气体,故而难于发现,而在太阳中却是丰富得很,所在皆是。氦在低温物理、超导和超流领域应用极其广泛。天文学和宇宙学的研究表明,宇宙中的所有元素在我们的地球上都能找到,或者能够合成,这一点充分表明在宇宙中物质结构的统一性。

近年来，对于地球、木星和银河系磁场的精密测量表明，麦克斯韦（J. C. Maxwell）的经典电磁场理论完全正确。在经典电磁理论基础上发展的量子电动力学（QED）最重要的结论之一是光子的静止质量为零。应该指出，阿昆（L. B. Okun）和泽尔多维奇（Ya. B. Zeldovich）1978 年在《欧洲物理快报》上撰文，提出了光子有质量的理论模型。在这个模型中，预言有一种极轻的带电的标量粒子，但这一点与今天的实验资料完全矛盾。

1971 年，戈尔德哈伯（A. S. Goldhaber）和尼托（M. N. Nieto）在《现代物理评论》上综述了关于光子静止质量的测量结果。威廉斯等人（E. R. Williams、J. E. Failer 和 F. Hill）利用测量在导电壁中封闭小孔的静电场，得光子静质量上限

$$m_\gamma < 10^{-14}\,\text{eV}.$$

多尔戈夫（A. D. Dolgov）和扎哈诺夫（V. L. Zakharov）假定 $m_\gamma \neq 0$，利用在地球表面与等离子层之间约有 50 万伏的电势差，在原则上可以测出 m_γ。戴维斯等人则根据在远处的行星磁场确定 m_γ。因为如果 $m_\gamma \neq 0$，则磁场将以指数规律 $\exp[-m_\gamma r]$，随距离 r 减少。戴维斯等人利用美国先锋 10 号人造行星测量木星的磁场，确定

$$m_\gamma < 10^{-18}\,\text{eV},$$

这大概是迄今直接测量得到的最佳结果。

契比索夫（C. V. Chibisov）等人另辟蹊径，分析银河系或河外星系的磁场来测定 m_γ。他考虑到麦哲伦星云中星际气体的平衡问题，由于 $m_\gamma \neq 0$，对星际气体有产生附加磁压力，他得到的结果是

$$m_\gamma < 10^{-27}\,\text{eV}.$$

面对这些结果，至少有两点结论：第一，目前实验的精度表明，光子有静止质量的可能性几乎不存在；第二，天体物理的实验结果远比实验室的结果（戴维斯等人的）要精确得多。

凡此种种，都是在极微世界的探索中遇到了难题，结果从"天上"，宇宙的

宏伟实验中找到了解决问题的金钥匙。

中子星的发现，也是大、小宇宙的研究中相互促进的难得佳话。1932年，查德威克发现中子以后，苏联的理论物理奇才朗道（Landau）马上预言，宇宙中存在几乎全部由中子所构成的致密星体。德国天文学家巴德（W. Baade）和兹威基（F. Zwicky）明确提出中子星概念，并认为超新星爆发时，其中心会坍缩为中子星。

1939年，美国的原子弹之父奥本海默等人从理论上对中子星进行了深入地研究。认为这种星体密度极大，核心部分可达每立方厘米100亿吨以上，其内部是一片中子的海洋，半径却只有20千米左右，温度极高。

中子星表面引力极强，比太阳表面要强 10^9~10^{19} 倍。即使宇宙微尘降落其上，释放的能量也无异于原子弹爆发。这种星体太古怪了，许多人认为，这只是理论工作者的无稽之谈，天底下会有这种荒诞不经的天体存在吗？有人讥讽说："究竟有多少天使能在中子星上跳舞呢？"

大气的抖动，会使夜空的繁星闪烁不停。人们早就知道，太阳射出的高速等离子旋风，即所谓太阳风在行星际空间吹动时，会使天体的射电波产生时强时弱地闪烁。这种现象叫行星际闪烁，它首先为英国天文学家休伊什（A. Hewish）所发现。

1967年，在剑桥大学任教的休伊什主持下，一架新型的巨大射电望远镜于7月开始"巡天"了。望远镜占地近20000平方米，由 16×128 个偶极天线组成庞大的天线阵。休伊什的研究生贝尔（J. Bell）女士是一个细心的人，每天分析近8米长的记录纸的数据资料。

几个星期以后，贝尔发现一种非常稳定的奇怪的脉冲信号，每隔23小时56分重复出现一次。进一步地分析表明，脉冲信号源离地球约212光年，远在太阳系外，但在银河系内。

有人推测，这是地外文明、"天外人"发来的信号，甚至断言，由于文明的高度发展，"天外人"体格退化，形体极小。最奇怪的是，他们的皮肤是绿色的，能够直接利用光能。也许他们可以不吃饭吧！这些信号是他们发来的吧！

真所谓燔火来天涯，绿衣人似花！

　　休伊什和贝尔继续观察，他们没有发现"小绿人"存在的迹象。如果讯号由居住在外行星上的"小绿人"发出，应该观察到由于行星公转引起的脉冲间隔的变化。后来，类似的射电源不断发现，终于排除"小绿人"存在的任何幻想。

　　休伊什发现的这个射电源被命名为CP_{1919}，在狐狸星座方向，脉冲周期为1.3372275秒。就是说射电源自转周期只有1秒多一点。这种疯狂自转的星体，休伊什断定就是人们早就预言的中子星。几个月以后，戈尔德（T. Gold）等人提出自旋中子星的旋转光束理论，进一步论证脉冲星就是高速自旋的中子星。现已发现好几百个脉冲星。

　　休伊什由于他对脉冲星的发现所作的巨大贡献，而荣获1974年诺贝尔物理学奖。

▲ 图 2-2　中子星

坐咏谈天翁，眇观大瀛海——天问的故事

　　对于宇宙始源的探索始于人类文明的黎明。最早的探索都保存在古代的神话中。

大约公元前三百多年,在现在湖南资江县桃花港的地方,江水潺湲,波光粼粼,在东岸的凤凰山腰,金碧辉煌的楚王宫巍然屹立。

▲ 图2-3　大诗人屈原

▲ 图2-4　屈原吟天问的凤凰山

楚国的大诗人屈原,峨冠高耸,凝视宫庙两壁绘制的栩栩如生的彩画,面对三皇五帝、先皇贤哲的肖像,山灵水怪、天象山川的神奇胜迹,思绪万千,浮想联翩,不禁朗朗浩吟,发出他震撼千古的"天问":

　　——请问:关于远古的开头,谁个能够传授?

　　　　那时天地未分,能根据什么来考究?

　　　　那时是浑浑沌沌,谁个能够弄清?

　　　　有什么回旋浮动,如何可以分明?

　　　　无底的黑暗生出光明,这样为的何故?

　　　　阴阳二气,渗合而生,它们的来历又在何处?

　　　　穹隆的天盖共有九重,是谁动手经营?

　　　　……

　　(原文,"曰:遂古之初,谁能道之? 上下未形,何由考之? 冥昭瞢暗,谁能极之? 冯翼惟像,何以识之? 明明暗暗,惟时何为? 阴阳三合,何本何化? 圜则九重,孰营度之? 惟兹何功,孰初作之?"此处用郭沫若的译文。)

　　原来,我国的先哲流行一种直观的朴素宇宙观,认为巨大的天穹、宛如半球状的盖子,明月星辰都依附于其上,天球绕着一个固定的极——所谓"天极"

不断旋转。"天圆地方",大地则是四方的,大地的四周,每边耸立着两个天柱,支撑着巨大的天球。

神思驰骋的屈原寻根问底,继续问道:

> 这天盖的伞把子,
> 到底插在什么地方?
> 绳子,究竟拴在什么地方,
> 来扯着这个帐篷?
> 八方有八个擎天柱,
> 指的究竟是什么山?
> 东南方是海水所在,
> 擎天柱岂不会完蛋?

两千多年过去了,时至今天,我们品味着这些酣畅磅礴的千古绝响,还深深为诗人大胆探索"遂古之初"的难解之谜的批判精神感奋不已!这些铿锵有力的诗句,至今仍激励着我们探求宇宙起源的强烈的欲望。

面对浩淼无际的苍穹,关于宇宙的创生和演化,我们的先哲百思不得其解,于是多少奇妙的神话应运而生。

关于盘古开天辟地的传说,至今回味起来还是饶有趣味的。你看:"天地浑浊如鸡子(即鸡蛋),盘古生其中。万八千岁,天地开辟。阳清为天,阴浊为地,盘古生在其中,一日九变。神于天,圣于地。天日高一丈,地日厚一丈,盘古日长一丈。如此万八千岁,天数极高,地数极深,盘古极长。故天去地九千里。"多么动人的传说。

▲ 图2-5 盘古开天辟地

在古代,天才的臆测与神话般的幻想往往交织在一起。迷离怪诞的神话却常常透露出人类先民对于宇宙起源永恒之谜的探索的智慧之光。

按1220年左右成书的北欧神话集《新埃玛》：混沌初开，既没天也没有地，只有一个裂口。北方是冰雪区域尼夫翰，南方有火的区域木斯皮尔翰。火融化了冰，在融化的水滴中，巨人伊默诞生了……

在这个幼稚的创世记中，我们依稀也看到火的力量。可见"万物生于火"的朴素想法，是许多地方古人的共同信念。

关于宇宙起源于"宇宙蛋"的神话，也是广泛见于东西方的古籍。除了流传甚广的盘古开天辟地的故事，汉代著名天文学家张衡甚至说，目前的宇宙结构还是"浑天如鸡子，天体圆如弹丸，地如鸡中黄，孤居于内"。我国浑天学派都持这种看法。

印度西北部喜马偕尔邦的坎格拉人汤特里教派（印度教）流传下来的关于"宇宙蛋"的绘画颇为传神（参见图2-6）。左图为神圣的音节O—M，由a—u—m三个音组成，分别代表三界（地、气、天），印度教的三个神（梵天、毗瑟孥、湿婆），三卷《吠陀经》文（梨俱吠陀、夜柔吠陀、娑摩吠陀）。这是创世之初，神发出的充满神奇力量的咒语，据说体现宇宙的本质。

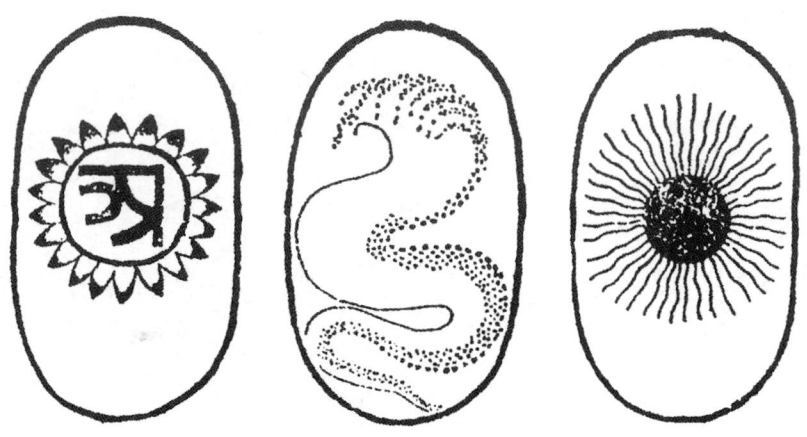

▲ 图2-6　印度教汤特里教派的"宇宙蛋"绘画

中图为蛇神阿难塔纳，象征着创造宇宙结构的原动力，维系宇宙结构靠它，它也可能破坏整个宇宙。右图则为光焰四射的太阳。太阳的光辉普照大地,赋予世界万物以生命。

如果撇开神话迷雾和种种臆测成分,我们就会发现,现代宇宙论的大爆炸学说的两个重要假设,竟然跟古人的神话"甚为一致"。

古希腊哲学家赫拉克利特(Heraclitus)曾经猜测:"万物都生于火,亦复归于火。每当火熄灭时,万物就生成了。最初,火最浓厚的部分浓缩起来,形成土。然后,当土为火熔解时,便产生水。而当水蒸发时,空气便产生了。整个宇宙和一切物体最后又在一场总的焚烧中,重新为火烧毁。"

万物都生于火。读过但丁《神曲》的人,大概不会忘记对于炼狱的恐怖景象的描写吧。在那幽暗的地狱,升腾着永不熄灭的火焰。生前为非作歹的恶人在这炼狱中,饱受各种酷刑的煎熬……

但宇宙创生时的大爆炸,比起这一切,不知可怕多少倍!

古代埃及人的"创世记"颇富于人情味。古埃及人认为,世界是由太阳神阿蒙·赖创造的。阿蒙·赖有三个孩子:两个儿子,一个叫舒,另一个叫克布,一个女儿叫努特。克布和努特时常吵闹,舒为了把他们分开,便把努特高高举起,又让克布卧倒。于是,努特化为天,克布变成地,舒则变化为空气。我们的宇宙原来诞生于太阳神的一次家庭纠纷。

古代巴比伦人以史诗的形式,将创世记的神话,记录在七块泥板上。我们从泥板上的楔形文字中,可看到距今已有三千八百余年的古巴比伦人的众神之王马都克开天辟地的故事。海妖基阿玛总是迫害众神,马都克将基阿玛杀死,并且将他的身体撕成两半,一半被掷向上方,变成了天,另一半摔到下方,便化为地和海洋。

宇宙之谜的探索从神话王国迈向科学之邦的道路是漫长而曲折的,可说是步履维艰,踽踽而行。第一步,就是古人关于宇宙本质的种种天才的臆测。

古印度人曾认为,宇宙是由地、水、火和风构成的。古希腊的伊奥尼亚学派的代表人物泰勒斯(Thales)相信,宇宙的本源是水,大地球面形状,周围被与海水相连的天穹包围,天体沿着天穹移动。他的两个学生阿那克西曼德和赫拉克利特(Heraclitus)则认为,万物皆源于火。这个学派对宇宙的认识,抛

弃了神的束缚,这是十分难能可贵的。

独具慧心的毕达哥拉斯(Pythagoras)大胆提出,数生万物。由数生点,点生面,面生体,再由立体产生感觉和一切物体,产生世界的四种基本元素:水、火、土和空气。他进一步设想,"天盖"是由二十七层绕地球转动的同心"球壳"构成,并推测"大地"是球形的,大地处于宇宙中央。

"古代最伟大的思想家"(马克思语)亚里士多德(Aristotle)科学地论断,大地确为球形。他还巧妙地设计了著名的九层水晶球天的天球模型。这九层天是宗动天、恒星天、土星天、木星天、火星天、太阳天、金星天、水星天和月亮天。

近代宇宙学的黎明开始于1755年。这一年,德国哲学家伊·康德(Immanual Kant)发表了《宇宙发展史概论》。康德的这本经典名作试图利用牛顿力学解释太阳系,乃至宇宙的起源。康德认为,当初在宇宙中弥漫着许多微粒构成的星云物质,由于力的作用,星云中较大的微粒吸收较小的微粒凝聚成团块,而后继续吸收其他微粒,团块不断增大,最后,其中最大的团块形成了太阳,其他的团块则形成行星。

康德的星云说发表的时候并未引起人们重视。直到法国天文学家拉普拉斯(Laplace)提出太阳系起源的星云说,大家才想起,康德不是有过类似的见解么?

1796年,拉普拉斯在他的《宇宙体系论》的附录中,详细描绘了太阳演化的图景。

与康德不同的是,拉普拉斯认为,原始星云是炽热的,星云由于冷却而收缩,因而自转加快,惯性离心力随之增大,星云变得扁平。在星云外缘,离心力一旦超过引力便分离出一个圆环。于是在继续冷却的过程中,会分离出许多圆环。由于物质分布的不均匀,圆环便进一步收缩,逐步演化为行星,中间部分则凝缩为太阳。

康德—拉普拉斯的星云说,是建立在星云观测、万有引力以及惯性离心力作用的科学基础上,对于太阳系行星运动的特点做出的统一解释。尽管它对太阳系的演化的勾画还是初步的,但是它的许多合理内核,它的基本构想,依然留存在现代宇宙学(尤其是太阳系演化的学说)中。

▲ 图 2-7　康德及其星云说

在康德—拉普拉斯的星云说影响下,各种天体演化学说相继问世,如近代张伯伦(T. Chamberlain)和泰斯(J. Teans)的行星起源"灾变说"(某偶然靠近太阳的恒星,把太阳上一部分物质吸出,从而形成一个个行星),又如苏联天文学家施米特的俘获说(太阳将星际云俘获,形成星云盘,然后演化为行星)等等,莫不起源于康德—拉普拉斯的星云说。

恩格斯高度评价康德—拉普拉斯的星云说,称许它是"从哥白尼以来天文学取得的最大进步",在 18 世纪僵化的自然观上"打开了第一个缺口"。康德曾经意味深长地说道:"给我物质,我就用它造出一个宇宙来!"这句话正好是星云说体现的唯物主义精神的生动写照。

现代宇宙学的奠基人是爱因斯坦(Einstein)。1917 年,爱因斯坦"根据广义相对论对宇宙学所作的考察",提出人类历史上第一个宇宙学的自洽的统一动力学模型。广义相对论描述了万有引力的规律。爱因斯坦认为,宇宙的演化由引力所支配。

广义相对论最富于魅力的想法是,引力只不过是四维物理空间弯曲程度的表现罢了。所谓物理空间,实际上指时空,即时间和空间的"连续统",也即流形。

▲ 图 2-8　爱因斯坦的弯曲时空

德国数学家闵可夫斯基(Minkowski)在广义相对论的数学表述工作中贡献极大。他在 1919 年召开的第八十届德国自然科学家会议上有一段精辟的论述。他说,在广义相对论中,"时间和空间本身,各自都像影子般消失,只留下时间和空间的一个融合体作为独立不变的客观的实体存在"。用术语表示融合体就是流形。

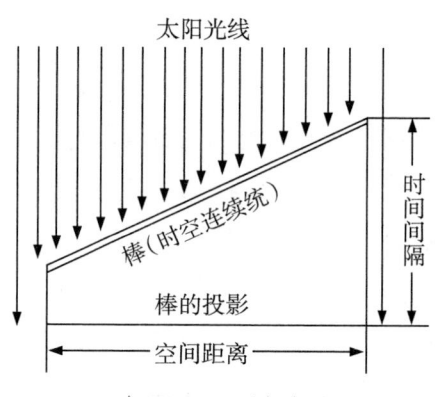

▲ 图 2-9　时空流形

照广义相对论看来,质量大的物体,周围引力场强,实际上相应空间弯曲程度越大,像一个凹下去的"洞"。我们通常说,周围物体受到引力场的吸引,实际上是周围物体慢慢"滑进"凹洞。我们用一个二维时空说明这种情况(见图 2-10)。

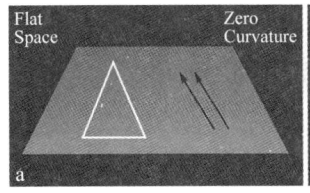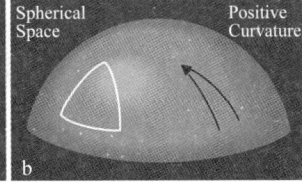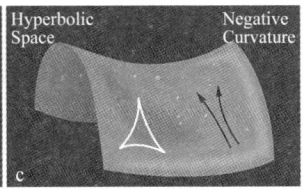

▲ 图 2-10 三种曲率空间

(a)平直空间,曲率为 0,图中三角形三内角之和 180°;

(b)球面,其曲率为正,图中三角形三内角之和大于 180°;

(c)单叶双曲旋转体,其曲率为负,三角形三内角之和小于 180°

什么是宇宙?宇宙就是时空。爱因斯坦这个观念已成为现代宇宙说的基石之一。说到这里,我们不得不为我们的先贤们深邃的智慧击节叫绝。

公元前三百多年,我国战国时期的尸佼说:"四方上下曰宇,往古来今曰宙。"大体同时的墨翟则说:"宇,弥异所也。""宇,蒙东西南北。""久(即宙),弥异时也。""久,合古今旦暮。"这跟现代宇宙学的定义何其相似!

爱因斯坦发现,在他给出的宇宙动力学方程中,如果附加两个条件:宇宙空间中物质分布均匀并且各向同性,就容易得到方程的一个"动态解",或者说动态宇宙模型。实际上,他几乎同时提出的德西特(W. de Sitter)模型,也有类似的结果。

苏联科学家弗里德曼(A. Friedman)在 1922 年根据爱因斯坦方程得到所谓准解,或称弗里德曼模型。这个模型告诉我们,"宇宙"始原于一个"点"。这个"点"集中了宇宙全部质量,其密度当然是无穷大。这种"点"就是数学中的奇点,然后宇宙开始均匀膨胀。

照弗里德曼看来,宇宙的物质总量有一个临界值。如果宇宙物质总量少于临界值,则宇宙的膨胀会永远持续下去。这种宇宙叫"开放"型宇宙。宇宙中物质若大于此临界值,则物质的引力会足够强,以致造成物理空间很大的弯曲,从而促使膨胀停止。这种类型的宇宙叫"封闭"型宇宙。

照封闭型宇宙的演化规律,膨胀停止后,宇宙会转而收缩,星系团要越来越靠近,以致挤压在一起,最后竟会使分子、原子乃至基本粒子的结构都"破碎","夸克"或"亚夸克"都挤在一起(即所谓坍塌),宇宙又回复到超致密状态,

甚至于集聚到一个原始奇点。

但是,我们的宇宙到底是"开放的",还是"封闭的"呢?弗里德曼没有做出肯定的结论。因为,这需要取决于宇宙质量的估算,但这是一件极困难的工作。在后面我们会发现,时至今日,关于宇宙质量,或者说宇宙物质平均密度到底是多少,尚无定论。

动态宇宙模型,尤其是弗里德曼模型的基本要素,实际上今天仍然是现代宇宙学的基本出发点。但是,"天不变,道亦不变"的传统习俗的力量太强大了。在20世纪20年代,绝大部分人都笃信我们的宇宙在大范围内不会有什么演化,就是说,应该是"静态"的。

这一回,即使爱因斯坦也未能免俗。他不相信动态宇宙模型的物理图像,更不相信世界会有起点。因此,他对于自己给出的宇宙方程的"解",无所措手足,难以置信。

怎么办呢?爱因斯坦竟然对他的方程"动起手术",无端加上一项,所谓宇宙学项,这一项具有斥力性质,其作用在于与引力平衡,从而"抑制"由于引力引起的宇宙演化。爱因斯坦从这个"修正"的宇宙动力学方程得到一个"静态"解。这个所谓静态模型认为宇宙是无界而有限的,就是说,宇宙是一个弯曲的封闭体,体积有限,但没有边界。

爱因斯坦的静态模型认为宇宙万古如斯,绝不变化,很合乎习俗的看法。但是,什么叫"封闭"?什么叫"有限无界"呢?这些概念对于一般人却是太新奇了。

举一个例子,假设有一种扁平动物生活在二维曲面上,它们只有平面概念,没有三维立体概念。对于这些动物,整个平面是无限而无界的,但平面上的圆就是有限而有界(圆)的了。

我们把这些动物放在二维球面上,对于这些只有二维感觉的小生命来说,球面就是有限但无界的。它们无法找到边界,同时却发现这个"球面宇宙"是"封闭的"。后面这一点,从三维空间来看,是不言而喻了。

照爱因斯坦来看,我们的宇宙在四维空间中,其三维空间的广延是"闭合的"，整个宇宙是有限而无界的。照一个"四维超人"看来，我们这些三维感觉的人的行为，就跟我们眼中的二维动物一样：我们沿着"三维球面"走，也许可以绕行球面多圈，却无法找到球面的边界。

静态模型没有被实验证实。爱因斯坦的宇宙学项 Λ，从现代天文学资料估算，至少不过 2×10^{-56} 厘米^2。实际上，在现代实验精度之内，没有察觉 Λ 的任何物理效应。爱因斯坦在生前已经意识到他的错误，他曾经感慨万分，说平白加上一个宇宙学项到宇宙动力方程上，"这可能是我平生在科学工作中所犯的最大错误了"！ 20 世纪末发现宇宙的加速膨胀，人们又赋予 Λ 以新的角色，即暗能量的近似描写。是邪？非耶？科学无坦途，信哉是言也。

话虽如此，但人们不要忘记爱因斯坦是现代宇宙学的奠基人。他给出的宇宙学的动力学方程，实际上制定了宇宙万物运行的法则。然而，传统俗见在他眼前布下的迷雾，使他在探索宇宙奥秘的征途中趑趄不前了。

坚冰已经打破，现代宇宙学的宫殿的大门打开了。随着时光的流逝，一个令人难以置信的真理越来越清楚地展现在人们面前：宇宙中种种奥秘，无一不与微观世界——小宇宙息息相关，打开大宇宙迷宫的钥匙竟然隐藏在小宇宙之中。

一门新的学科诞生了，它叫粒子宇宙学。粒子宇宙学研究的领域是大宇宙与小宇宙汇合之处。其宗旨在于，从微观粒子的运动规律，探索宇宙的演化规律，它是现代宇宙学的一个基本方向。宇宙空间为微观粒子的运动提供各种可能的极端物理条件，如极高温、极高压、超高致密、超强磁场等等；也为各种高能物理现象提供了宏伟而理想的实验场地。另一方面，宇宙的演化，它的早期状况和现状，完全由高能基本粒子的运动规律决定。

时至今日，我们的高能天体物理学家，不仅能凿凿有据地描述"遂古之初"惊心动魄的一幕，而且"创世记"中分分秒秒的温度、压力、密度等等，都可以娓娓"道之"，人类的洞察力是何等深邃而不可思议啊！

我们将描述极早期宇宙的壮丽景观。由于涉及的许多问题都是科学家最新的研究成果，往往尚未定论，所以，我们往往采纳大多数科学家接受的观点。为了避免误会，对于不同意见，也适当予以介绍。

千钧霹雳开新宇——伽莫夫"大爆炸模型"

现代宇宙学发轫于爱因斯坦的广义相对论。1917年爱因斯坦基于广义相对论提出所谓宇宙演化方程。他假定宇宙中物质分布在大尺度上是均匀的,并且是各向同性的。这一假说后来称为宇宙学原理,已为天文观测所证实。就是说,如果以10亿光年作为尺度,宇宙各处物质分布是处处均匀,偏差最多10%~20%而已。

爱因斯坦相信宇宙在大尺度上的特征应是不变的,即所谓稳态宇宙论,人为地在方程中加进一个宇宙项(sea-gull term)Λ,相当一种斥力。因为从宇宙演化方程,必然会得到宇宙会膨胀或收缩(即演化)的结论,加进Λ可以得到不随时间膨胀的稳态宇宙解。

荷兰天文学家德西特(W. de Sitter)在1917年提出所谓"德西特宇宙模型":一个不断膨胀的宇宙,其中物质平均密度为零。

1922年,苏联科学家弗里德曼在爱因斯坦方程中去掉宇宙学项,得到的弗里德曼模型,即动态宇宙解,可能是膨胀的,也可能是收缩,或者脉动的。

1927年,比利时教士和天文学家勒梅特(G. Lematire)重新得到Einstein引力场方程的 Friedman 解。勒梅特指出哈勃观测到的宇宙膨胀现象正是Einstein引力场方程所预言的。因此,过去的宇宙必定比今天的宇宙占有较小的空间的尺度。并且,宇宙有一个起始之点,称为"原始原子"。

随着科学的昌明,天文观测资料日益精密,静态的宇宙观让位于演化中的宇宙观,世界变了。爱因斯坦后悔在他的宇宙演化方程中,凭空无端加进"宇宙学项"。甚至于梵蒂冈的教皇,也破天荒地承认,300年前对伽利略的审判是错误的。

当然,随着先进观测设备,如哈勃(E. Hubble)空间望远镜和10米的柯克望远镜的投入,两个国际研究协作组在1998年发现$\Lambda>0$,宇宙的膨胀在加速,这又赋予宇宙学项Λ的研究以新的含义。但这与稳态宇宙的初衷毫无关系。

伽利略说得好,你们可以打我的屁股,可是地球照样在转动啊。是的,宇宙确实在不断运动和变化着,昨天之宇宙不同于今天的宇宙,亦如今天的宇宙不同于明天的宇宙。

这一点,在人们发现我们观测的宇宙在不断膨胀后,再也没有人怀疑了。宇宙在膨胀!这难道真的是事实? 爱因斯坦方程,如果不人为加进具有斥力性质的"宇宙项",本来就有一个膨胀型的宇宙解。弗里德曼和德西特就是抱有这样信念的。但是,这只是理论物理学家的"纸上谈天",大多数人都只"姑妄言之,姑妄听之",并不相信。

1929年,美国天文学家哈勃在美国《科学院院刊》上发表题为《河外星云的速度-距离关系》的论文,宣称我们周围的星系都在彼此远离而去,就是说,我们观测的宇宙在膨胀!这个惊人的发现,可以说是稳态宇宙论的丧钟,是现代宇宙论新的起飞的里程碑。

▲ 图 2-11 美国天文学家哈勃

原来,自1909年起,美国天文学家斯里弗尔(V. Slipher)在劳维尔天文台用609.6毫米(24英寸)折射天文望远镜着手研究仙女座大星云M31——这是天幕中最亮和最大的旋涡星云。到了1914年,他积累了15个星云的光谱线资料,发现大多数星云都有红移现象。到了1922年,积累光谱资料的旋涡星云达到41个,可以肯定其中36个有很大红移。

什么叫红移呢?研究红移有什么意义呢? 话要从多普勒效应说起。多普勒(C. Doppler)是当时属于奥匈帝国的布拉格的一位数学教授。他在1842年发现:当发声器(或光源)离开听众(或光接受器)而去时,音调变得低沉(或光的频率变小);反之,则音调变得尖厉(或光频增大)。

荷兰气象学家拜斯—巴洛特(C. H. D. Buys-Ballot)在1845年做了一个有趣的实验。他让一队喇叭手站在疾驶而去的火车敞篷车上,果然测量出喇叭

声的声调有变化。这个实验是在荷兰乌德勒支市近郊做的。

在可见光中,红光频率最低,蓝光最高。如果星系光谱向红光端漂移,表明该星系远离我们而去,称为红移;反之,光谱线向蓝光端漂移,则表明星系向我们移近,称为蓝移。

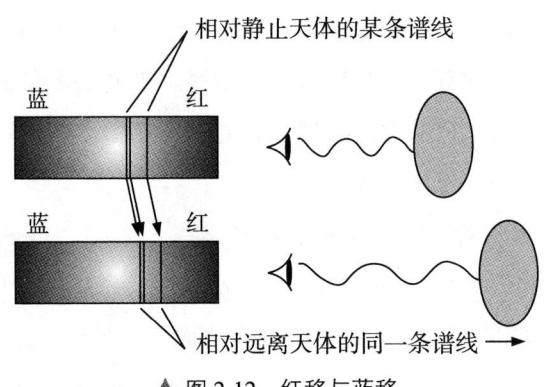

相对静止天体的某条谱线

蓝　　红

蓝　　红

相对远离天体的同一条谱线

▲ 图2-12　红移与蓝移

对于这种与现代宇宙学关系重大的现象,我们大家并不陌生。谁没有过站在火车站台上,聆听来往的火车隆隆声呢?

1919年,哈勃来到加利福尼亚州洛杉矶附近的威尔逊山天文台。这时,第一次世界大战刚刚结束,德西特的动态宇宙的工作传到美国不久。威尔逊山在1908年安装1524毫米的反射天文望远镜,1917年2540毫米反射望远镜又告竣工。风云际会,适逢其时。

哈勃利用这些巨大的望远镜,分辨出夜空中许多微弱的光斑其实是许许多多的恒星,而且多是远在银河系外的宇宙岛——河外星云。他拍摄了仙女座大星云的相片,估算出该星云离我们约90万光年之遥。

从1925年起到1928年,哈勃测出24个星系离我们的距离。1929年,哈勃宣布他的重要发现:所有星系的光谱都呈现出系统红移,而且红移大小与星系离我们的距离成正比。换句话说,所有的星系都在远离我们而去,而且退行速度跟星系离我们距离成正比,离我们越远,退行速度越大。

这个结论称为哈勃定律,它是宇宙膨胀的直接证明。50年来,对邻近星系距离的测定不断改进,更加精确地得出了退行速度与距离的数值关系。作为粗略地估计，可以认为宇宙中两星系的距离每增加 100 万光年，其退行速度要增加 23 千米/秒（更严格地说，介于 15 千米/秒~30 千米/秒）。如果用哈勃常数 H 表示，就是 H = 23 千米/秒×百万光年。注意到 1 天文单位 1pc = 3.26 光年，用天文单位表示的哈勃常数 H = 74.98km/s·Mpc。

由于哈勃常数已成为近代宇宙学中最重要也最基本的常数之一，近年来，对它的研究已成为十分活跃的课题。正式发表的有关哈勃常数的论文已有数百篇。1989 年，著名天体物理学家范登堡（Van den Bergh）为天文学和天体物理评论杂志撰写了一篇权威性论文，它综述了截止到 20 世纪 80 年代末所有关于哈勃常数的测量和研究结果，最后认为，哈勃常数的取值应为 H_0=（67±8）km/s·Mpc。

在 2006 年 8 月，来自马歇尔太空飞行中心（MSFC）的研究小组使用美国国家航天局的钱卓X射线天文台发现的哈勃常数是 77km/s·Mpc，误差大约是 15%。2009 年 5 月 7 日，美国宇航局（NASA）发布最新的哈勃常数测定值，根据对遥远星系 Ia 超新星的最新测量结果，哈勃常数被确定为（74.2 ± 3.6）km/s·Mpc，不确定度再进一步缩小到 5%以内。

我们已测量到的最远的天体离我们已有 100 亿光年以上，其退行速度竟达 23 万千米/秒，几乎达到光速的 $\frac{3}{4}$。21 世纪以来，发现许多红移极大的遥远星系，其中最远的竟有 132 亿光年，该星系大约产生于宇宙大爆炸后 5 亿年左右。

"所有的星星都在远离我们四散而去"，这岂不是又说地球，或大而言之，太阳、银河系处于优越的中心么？难道托勒密的"地心说"死灰复燃了么？大谬不然！

设想有一个气球，用颜色在其表面涂上均匀分布的小斑点，把它吹胀。此时呆在任何一个小斑点的蚂蚁都会看到所有其他斑点都在"逃离"它所在的斑点，并且离它越远的斑点，其退行速度也越大。此时没有一个斑点处于中心。

在图 2-13 中，星系的退行好比气球吹胀时的情形，这时气球上的各种标记彼此越距越远。图示"气球宇宙"由小到大体积倍增的情况。气球上的点（星系）互相退离的速度与它们相隔的距离成正比。

如果我们考虑到宇宙在大范围其结构是均匀的, 各向同性的, 哈勃定律就是非常自然的。均匀性要求宇宙各处的膨胀也是均匀的, 就是说, 任何两个星系的相对速度必然正比于它们之间的距离。

反过来说, 哈勃定律的发现, 也可以视为宇宙的结构在大范围内 (1 亿光年以上)是均匀的这个重要性质的间接证明。后者被英国天文学家米尔恩(E. A. Milne)称之为宇宙学原理。这个结论对于现代人来说, 是太自然了。为什么宇宙的这一部分, 或某一特定方向, 会具有不同于其他部分或其他方向的质量分布呢?

自从哥白尼以来, 人们已变得不那么骄傲了。托勒密时代, 人类自视为天之骄子, 处于宇宙中心的特殊位置的极端狂妄感已不复存在了。宇宙学原理, 作为朴素的真理, 为人们普遍接受。

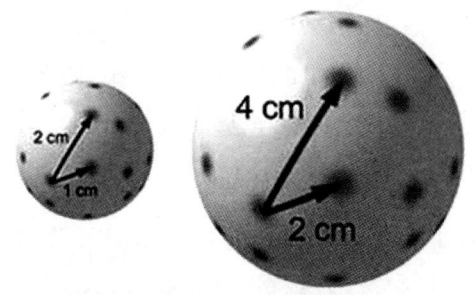

▲ 图 2-13　气球宇宙

哈勃的发现, 实际上告诉我们, 观测到的宇宙是有"起点", 而且有"尽头"。为什么这样说呢? 这可是与常人的看法"无始无终、无边无际的宇宙……"大相径庭。

根据现代数据, 作为粗略估算, 宇宙中星系之间的平均距离为 100 万光年, 约 9.4×10^{19} 千米, 如果两相邻星系间的退行速度为 23 千米/秒, 那么倒溯回去, 在

$$\frac{9.4 \times 10^{19} 千米}{23 千米/秒} = 4.1 \times 10^{18} 秒 = 150 亿年$$

前, 宇宙中所有的星系都聚合在同一"点"上。换言之, 其时整个宇宙的大小就只那么一"点点"。

我们的宇宙有"起点", 由这一"点"发育成为今天茫茫宇宙。从某种意义上

说,这"点"可称为"宇宙蛋"呢! 我们的宇宙大约是在 150 亿年前"创生"的,就是说,年龄约为 150 亿年。我们的宇宙有大小,"半径"大约是 150 光年左右。必须说明,根据哈勃天文望远镜的观察,我们观测宇宙的确实年龄为 137.8 亿年。

1932 年,比利时天文学家勒梅特(C. Lemaitre)从膨胀宇宙论出发,提示"爆炸宇宙的演化学说"。他认为,整个宇宙最初聚集在一个"原始原子"里。后来发生猛烈爆炸,碎片向四面八方散开,形成今天宇宙。但理论缺乏核物理的支持,没有引起人们重视。

1948 年,天才横溢、多才多艺的美籍俄裔物理学家伽莫夫(G. Gamov),偕同他的同事阿尔弗(R. A. Alpher)和赫尔曼(R. Herman)根据当时的原子核理论的知识,结合膨胀宇宙的事实,提出了影响深远的"大爆炸"模型。这无异于现代宇宙学的第一声春雷,左右了现代宇宙学研究的潮流。这实际上是现代宇宙学春天的第一只燕子。

伽莫夫等假定,宇宙开始时其原物质全部为中子,处于极高温度(或熵极大)状态。在 150 亿年前左右,一次高热大爆炸揭开了我们宇宙的漫长的膨胀过程的序幕。

多么大胆的构想! 多么使人难以接受的假设!我们这个星光灿烂的宇宙,诞生于一次高温大爆炸!

我们来看伽莫夫等人是如何说的。阿尔弗、赫尔曼在 1953 年偕同福林(S. W. Follin)对伽莫夫模型进行修正,认为原物质有一半对一半的中子和质子,还有大约数目为中子与质子

▲ 图 2-14 伽莫夫(G. Gamov)

10 亿倍的轻子(即电子和中微子)或光子。它们处于 10^{11}K(相当 1000 万电子伏的能量)状态。

在这样的假定下,他们根据核反应理论进行严格估算。宇宙中星系物质中,有 22%~28%的重量应该是氦 4(^{4}He),其余绝大部分是氢(^{1}H),还有极少

量的氘（D）、锂 7（^{7}Li）和同位素氦 3（^{3}He）。1965 年，瓦戈纳（R. Wagoner）、福勒（W. Fowler）和霍伊尔（P. Hoyle）各自独立对这个问题进行更细致地计算，也得到类似的结论。

看来，热宇宙模型和冷宇宙模型关于元素丰度的预示截然不同、针锋相对。到底谁是对的？抑或都不正确呢？

几乎同时，天体物理学家对太阳系、银河系及相邻星系内的恒星和气状星云进行仔细观察，发现氦与氢的含量的比例都近似相同，你看：

银河系	氦丰度	0.29
猎户座星云	氦丰度	0.30
大麦哲伦星云	氦丰度	0.29
NGC40	氦丰度	0.27
NGC7679	氦丰度	0.29

这难道是巧合吗？天平看来倾向热宇宙模型了。不仅如此，小宇宙传来的信息，似乎也在频频为大爆炸学说擂鼓助威！

大爆炸学说断言，我们宇宙的年龄约为 100 亿年~200 亿年。小宇宙中的"考古"资料则断言，有的元素产生的年代最早可逆推到 110 亿年~180 亿年前。

按照原子核合成理论，在原子核合成的时候，铀 235（^{235}U）与铀 238（^{238}U）的比值约略大于 1。今日在自然界的铀矿中，其相应的丰度比为 $7 \times 10^5 : 1$。^{235}U 的半衰期为 5 亿年，^{238}U 的半衰期为 45 亿年。逆推过去不难算出，它们形成的年代距现代有 80 亿年。如果根据海因巴赫（K. L Heinbach）和许拉姆（D. N. Schramm）更为精确的铼—锇（Re-Os）标时法，则可定出这些铀形成的年代，距今已有 110 亿年~180 亿年。他们研究的结果发表在 1979 年的《天文快讯》上。

根据天文学观测资料，结合恒星演化理论，德马克（P. Demague）和麦克努（R. D. Meclure）断言，某些古老的星体，年龄有 120 亿年~160 亿年。

1982 年，德国贝塞尔大学天文研究所的塔曼（G. A. Tammann）等人综合大、小宇宙"考古"的结果，宣称宇宙年龄大于 120 亿年。简直跟大爆炸学说的预言一模一样。你能说，这又是纯属巧合吗？

诚然，宇宙年龄问题，主要取决于哈勃常数的测定。1986年在北京召开的国际天文联合会第124次观测宇宙讨论会认定，宇宙年龄在140亿年~200亿年之间。但是进入20世纪90年代以后，却产生了"宇宙年龄危机"，即由于哈勃空间望远镜等的投入应用，许多观测小组测定哈勃常数值增大，相应宇宙年龄减少到80亿年~120亿年。但人们从球状星团的所谓赫罗图推算，此类星团的年龄为130亿年~182亿年。这就产生宇宙年龄小于其中星团的谬论。直至1998年，这个问题还在深入讨论中，直到哈勃天文望远镜升空，问题终于得到解决。

我们还补充一点，似乎可以更清楚看出问题来。伽莫夫等人发表《大爆炸》论文时署名中还有贝特。所以他们的理论又称为 α β γ（Alpher、Bethe、Gamov）理论。问题是，贝特根本没有介入其事。这是怎么回事呢？

原来，伽莫夫认为，在他们的理论中，借用了贝特的核反应理论，所以没有打招呼，就把贝特的名字加上去了。他们关于氦丰度的计算，主要依据贝特等人的核反应理论。理论的预言与观测值如此吻合，这在天文学上是十分难得的。

有了宇宙膨胀和氦丰度作为大爆炸学说的实验依据，我们似乎不可小看大爆炸学说了。看来这既不是标新立异的"天外奇谈"，也不是学者们的文字游戏。

然而很不幸，伽莫夫等人的文章发表以后，许多人正是这样看的。毕竟他们的论点太"离经叛道"了，甚至于不合乎普通常识。

人们提出种种诘难，有人甚至宣称，人类根本没有资格，也没有能力提出宇宙起源，本质上也是物质始原的问题。至少现在还不到探索这个问题的时候。

在这种气氛下，伽莫夫等人的论文发表伊始，就淹没在文献的海洋中，而且至1953年阿尔弗修改其模型以后，整整12年很少有人沿着"大爆炸模型"的思路前进。因此不足为怪，人们不知道，或者忘记了伽莫夫等在原始论文中的一个重要理论预言：在大爆炸以后，其流风余韵长留至今的，还应有一个微波背景辐射，温度是5K（后来重新计算，应为3.5K）！

风乍起,吹皱一池春水——微波背景辐射的发现

伽莫夫的"大爆炸"学说在1964年突然时来运转了,第一阵春风来自于美国的新泽西州,可谓"风乍起,吹皱一池春水"。

1964年,美国贝尔电话实验室在新泽西州荷尔姆德的克劳福特山上耸立起一具奇特的天线。7米长的喇叭形天线,宛如巨型"招风耳"。射电天文学家彭齐斯(A. A. Penzias)和威尔逊(R. W. Wilson)利用这具天线,研制出"回声"卫星通讯系统。该系统具有20英尺长的角状反射器,噪声极低。

▲ 图2-15　彭齐斯和威尔逊的巨型"招风耳"天线

为了进一步减少噪声,彭齐斯和威尔逊对系统的电路元件,诸如天线、接收器和波导管等不断改进,尽量排除地面干扰。他们希望借助"巨型招风耳"谛听天宇中各种"噪声"。

他们将天线对准高银纬区,即银河平面以外的区域,测量银河系中无线电波中的噪声。1964年5月,最初的结果使他们大吃一惊! 在波长7.35厘米处发现一种微弱的电磁辐射。令人不可思议的是,尽管该系统极其灵敏,方向选择性极佳,在持续几个月的观察中,居然没有发现这种来自天宇中各个地方的均匀辐射有任何变化。

或者是天线本身的电噪声吧?他们检查天线金属板的接缝后,没有发现问题。在天线上栖居着一对鸽子,莫非着它们作祟?彭齐斯看到这对鸽子在天线喉部"涂上一层白色电介质"(即鸽粪)。可是在赶去鸽子,清扫鸽粪以后,噪声依然如故。

十分清楚,这种"噪声"不是来自任何特定的天体。太空本身就"沉浸"在这种辐射中,而且处处均匀,各向同性。由于波长小于 1 米的电波叫微波,现在人们称这种弥漫于太空各个角落的辐射为"微波背景辐射"。直到 1965 年的春天,彭齐斯和威尔逊才弄清楚这些情况。

人们早已明白,任何高于绝对零度的物体都会发出电磁"噪声"。在一个给定的封闭箱子里,如果波长不变,电磁噪声的强度只与箱壁温度有关,温度越高,噪声强度越大。彭齐斯和威尔逊测定,他们发现的背景辐射,其强度如果用等效温度描述,相当于 2.5K~4.5K 之间,或平均在 3.5K。

从"回声"卫星反射的这种射电噪声异常微弱。但是由于它们弥漫于太空各处,累积起来,相应的总能量却非常庞大。它们从何而来?彭齐斯和威尔逊百思不得其解。因此迟迟未将其发现公布于世。

无独有偶的是,美国普林斯顿大学的实验物理学家迪克在 1964 年也安装了一具小型低噪声天线。他相信大爆炸学说,认为宇宙早期既然经历了一个高热、高密度的阶段,就应该有一个辐射遗留下来。他率领罗尔(P. G. Roll)和威金森(D. T. Wilkinson),利用帕尔玛实验室中这具天线,搜寻他们相信理应存在的大爆炸的"回声"。

在迪克启发下,普林斯顿大学的青年理论工作者皮尔斯(P. J. E. Peebles)根据大爆炸学说,从宇宙目前氦与氢的丰度出发,估算出早期宇宙确实留下一个背景辐射,等效温度约在 10K。他将其结果在普林斯顿大学作了学术报告。与此同时,泽尔多维奇、霍伊尔和泰勒(R. J. Tayler)分别在苏联和英国也得到类似的结果。

可惜的是,彭齐斯和威尔逊根本就不知道这些工作,他们压根儿不知道什么大爆炸。他们做梦也不会想到,离帕尔玛实验室不过几英里之遥的普林斯顿大学的学术大厅里,皮尔斯正在报告他的所谓背景辐射的预言哩!

正当彭齐斯和威尔逊茫然不知所措之际,喜从天降。彭齐斯偶然从麻省理工学院的射电天文学家伯克(B. Bucke)的通话中知悉伯克的朋友,卡内基研究所的特纳(K. Turner),在普林斯顿大学听到的皮尔斯报告的内容。当即彭齐斯和威尔逊就向迪克教授发出了邀请信。

贝尔实验室与普林斯顿的同人进行互访。彭齐斯和威尔逊明白了,他们发现的微波噪声,正是大爆炸理论早就预言的背景辐射。更使他们惊讶的是,迪克教授正在安装的天线,除了排除噪声干扰设备等个别部件不同外,其结构竟与他们的"喇叭形"一模一样!

1965 年,皮尔斯、霍伊尔、瓦戈纳和福勒对背景辐射进行了更细致地计算,断定等效温应为 3K。罗尔与威金森等则对于从 0.33 厘米到 73.5 厘米波段的微波进行更精确地测量,确定其等效温度确实在 2.5K 到 3.5K 之间。两者符合得丝丝入扣。

彭齐斯和威尔逊在这一年的《天体物理杂志》上发表了两篇通讯,通讯的标题是"在 4080 兆赫上额外天线噪声温度的测量"。此文附注中写道:"本期同时发表的迪克、皮尔斯、罗尔与威金森的通讯,是观察到的额外噪声温度的一个可能解释。"这些平淡话语宣告,宇宙诞生伊始间那雄奇瑰玮的大爆炸的场面的帷幕拉开了。

彭齐斯和威尔逊荣获 1978 年诺贝尔物理学奖。瑞典科学院在颁奖决定中说:"彭齐斯与威尔逊的发现是一项带根本意义的发现,它使我们能够获取很久以前、在宇宙创生时期的宇宙过程的信息。"

人们在欣喜之余不免要问:为什么背景辐射发现得这么迟?温伯格问道:"为什么它是偶然发现的呢?""为什么在 1965 年以前,人们一直没有系统地搜索这种辐射呢?"

诚然,如果没有太多的成见,太多的误会,太多的隔阂,人们在 50 年代中期,甚至在 40 年代中期,就有充分可能发现背景辐射。

1948 年,伽莫夫等人提出大爆炸模型,预言早期宇宙遗留等效温度为 5K

的微波背景辐射。1953年，伽莫夫在丹麦科学院报的一篇论文中再次提到这个预言，认为等效温度为7K。迪克教授甚至早在1946年，就从一般热宇宙模型出发，预言过宇宙中存在背景辐射。但这些工作没有受到重视，大多数物理学家对宇宙有起源的理论不屑一顾，实验工作者则对"大爆炸"之类奇谈怪论闻所未闻。

迪克小组1964年着手搜索背景辐射时，完全是在重新独立计算的基础上进行的。令人难以置信的是，他们居然不记得18年前迪克本人的预言，当然更未注意16年前伽莫夫等人开创性的工作。

迪克没有想到，其实在1946年，他领导的麻省理工学院辐射实验室的一个小组，在1.00厘米、1.25厘米和1.50厘米等波长，测量到的地球外辐射（当时确定等效温度小于20K），就是他现在苦苦觅踪的背景辐射。当时迪克是研究大气的吸收问题，他没有把这个结果跟自己预言的背景辐射联系起来。

对于这个历史性的发现，迪克教授是最早的探索者，但几次狭路相逢，居然失之交臂，何其不幸啊！

在整个50年代，没有一个射电天文学家接受大爆炸的预言，去搜寻背景辐射。物理学界也几乎把它忘得一干二净。总结这一段曲折的历史，温伯格痛心疾首地说："在物理学中，事情往往如此——我们的过错并不在于我们过于认真，而在于我们没有足够地认真对待理论。我们常常难于认识，我们在桌子上玩弄的这些数字和方程到底与现实世界有什么关系。"

在这段时期内，伽莫夫等人为什么不向实验工作者大声疾呼，请他们接受理论的挑战，探测大爆炸的"回声"呢？ 1967年，伽莫夫老实承认，他和阿尔弗、赫尔曼当时根本没有想到，背景辐射是可以测量的。我们不要忘记，爱因斯坦晚年在回顾他的著名的质能公式时，也感叹地说，我没有想到有生之年会看到这个公式的应用。想想原子弹、氢弹，想想原子能发电站吧！

苏联学者倒是有过认真测量背景辐射的打算。但是被美国学者欧姆（E. A. Ohm）在1961年的一篇文章中的一个含混用语引入歧途，而最终打消初念。

对于这段曲折，实验工作者固然难辞其咎，理论家也有责任，自己不熟悉

实验，又缺乏与实验工作者主动合作的精神。话虽如此，但也应承认大爆炸理论本身当初太粗糙，容易使人钻空子，缺乏说服力。

伽莫夫等当初沿用的哈勃常数是：平均距离为170万光年的两星系的退行速度为每秒300千米。据此算得我们宇宙的年龄不过

$$\frac{170\ 光年}{300\ 千米/秒}=\frac{1.6\times10^9千米}{300\ 千米/秒}=5\times10^{16}秒=1.8\times10^9年,$$

即不超过18亿年。这个数字太小，当时人们就已知道地球的年龄为50亿年左右。这一点使大爆炸学说的身价顿减。

2012年10月，美国宇航局斯皮策空间望远镜最新测量哈勃常数 $H=(74.3\pm2.1)\mathrm{km/s\cdot Mpc}$。由此得到的宇宙年龄约为137.8亿年。大爆炸学说的这个漏洞已不复存在。

其次，伽莫夫原来假定宇宙"原物质"全部为中子，认为目前宇宙中的元素，全部都是在大爆炸的瞬间形成。现在看来，这个论断过于简单化了。1953年，阿尔弗、赫尔曼和福林对此重新修正，使大爆炸学说更趋合理，更能反映近代物理（尤其是原子核物理、基本粒子理论）的研究成果。后来人们把这个修改方案称为标准模型。该模型吸取稳态宇宙模型中元素形成理论的某些合理内核，令人信服地解释目前宇宙中轻元素（氢、氦等）的丰度，认为其他重元素的核并不形成于早期宇宙，而是逐步形成于尔后的漫长演化中。

1937年，美国贝尔电话实验室电信工程师杨斯基（K. G. Jansky）在一篇论文中宣布，他利用特制的天线，发现波长在约10米处的天电噪声，其方向指向天空中的固定点，很可能就是银河系的中心。自此以后，一门新的学科诞生了，它叫射电天文学。

射电天文学的崛起，大大扩充人类的视野。在地球的各个角落，各种类型的巨大射电天文望远镜拔起而起。西德波恩旋转射电望远镜抛物面达100米；耸立在中美洲的波多黎各的阿雷西姆盆地的射电天文望远镜更为巨大，球面反射面直径超过300米，天线接近器有600吨重；美国新墨西哥州的Y形天线阵的三个臂长达21千米，其间分布27个各自重达200余吨的抛物天线。

一系列惊人的发现联翩而至：硕大无朋的类星体，超新星的剧烈爆发，银河系的瑰丽旋臂结构，河外星系梦幻般的诸多奥秘，黑洞的神秘候选者，广漠太空中的星际分子，以及据说是宇宙之匙的宇宙弦……

原来在浩瀚无垠的宇宙中，千姿百态的形形色色天体，不论发光还是不发光的，无一例外都发出电磁波，这就是宇宙射电波。其波长有长有短，强度有强有弱，时断时续，若有若无，宛如雄浑的宇宙大合奏。射电望远镜像天空中的哨兵，日夜巡视天幕上的星星，搜索宇宙的种种奇观，聆听着动人的星星音乐……

彭齐斯和威尔逊的喇叭形天线，就是众多星空哨兵中的一员。它现在捕捉到的宇宙微波背景辐射光子，在大爆炸中颇为活泼。它们在早期宇宙的元素生成和演化中扮演重要角色。只是到了宇宙温度下降到 3000K 左右，光子才不再与其他粒子相互作用了，用术语叫做解耦。这些退耦光子"寻寻觅觅""飘飘荡荡"在宇宙中"游荡"了至少 137 亿年。

在某种意义上说，彭齐斯和威尔逊无意中谛听到的射电噪声，不就是大爆炸的流韵遗响吗？大爆炸的壮剧余音缭绕在天上人间 137 亿年，至今仍然是那样激越飞扬，扣人心弦！

背景辐射很微弱，宇宙空间中这些退耦光子，大爆炸的残骸与化石，每公升中不过 55 万个。但比较太空中每千公升只有 1 个核子，"化石光子"的绝对数字却很可观。

彭齐斯和威尔逊的发现，大大抬高了大爆炸标准模型的身价。就是原来对伽莫夫的理论不屑一顾的人，也不得不承认，这个发现是"宇宙起源于热大爆炸的最有力证据"，而给"稳态宇宙和冷宇宙模型"布上疑云。学术的潮流颠倒过来了。

应该指出的是，稳态宇宙论主将霍伊耳爵士尽管笃信稳态宇宙论的基本观点，但却在 1964~1965 年间不厌其烦地计算大爆炸初期可能产生的氦的数量，得到的结果是，氦的丰度为 36%。尤其难能可贵的是，霍伊耳承认这个结果为大爆炸理论送去了春风！

多么严肃求实的科学态度，多么高尚大度的"绅士风度"！温伯格觉得"令人惊奇"。我们难道不应拍手称绝么？回顾往事，我们不禁想起与"太阳元素"——氦有关的另一段科学佳话。这些佳话，看来在阳光普照的地方都会永远流传。

说起来那是 1868 年的事。法国科学院收到洛克耶发现氦的报告。无独有偶的是，在同一天也收到法国天文学家詹森（J. Jansen）在印度洋的全日食观测中，在日珥光谱发现氦的报告。天下还有这样凑巧的事吗？荣誉应归于谁呢？两位科学家都品德高尚，互相谦让。

为了表彰他们的杰出贡献，推崇其高尚的风范，法国科学院特地铸造金质奖章，正面镂刻着这两位天文学家的头像，背面雕刻着太阳神阿波罗驾着四匹骏马，下面写着"1886 年日珥光谱分析"。

荣誉属于洛克耶、詹森和霍伊耳等人！科学需要无私贡献，需要执着和求实，需要宽容、公正和大胆探索。

伽莫夫等人没有得到诺贝尔奖金，但在宇宙之源的探索中，荣誉应该首先归于他们。诚然，他们的最初工作很粗糙，但却闪烁着真理的光芒。正是他们敢于面对这个所谓"认真的理论学者或实验学者不宜研究的问题"，迈出了可贵的第一步。

我们不要忘记，标准模型还给予我们新的挑战。标准模型预言，宇宙中还存在中微子背景辐射。如何测量这个辐射呢？

在早期宇宙温度下降到 5×10^9°K 时，正、负电子 $e^\pm$ 湮灭，其中中微子与其他粒子解耦。如果中微子的静止质量为零，则标准模型预言，中微子等效温度与微波背景辐射的等效温度应有关系

$$T_\nu = 0.71 T_{ew},$$

若取 T_{ew}=3K，则今天宇宙中中微子等效温度约为 2K。换言之，宇宙空间中每公升中有 10 亿个中微子或反中微子！

但 20 世纪 80 年代以来，不断传来中微子质量可能不为零的消息，上述说法有可能要修改。按我国著名天体物理学家陆埮等在 1982 年的计算，中

微子等效温度应为

$$T_\nu = 6.3 \times 10^{-8} \times \frac{30}{m_\nu} T_{\mathrm{ew}}^2,$$

若取中微子静止质量

$$m_\nu = 0.3\mathrm{eV},$$

则

$$T_\nu = 6 \times 10^{-8}\mathrm{K}.$$

由于中微子除参与极其微弱的相互作用外,其他作用一概不参加,所以极难检测,有幽灵粒子之称。如果说 2K 的中微子背景目前尚未找到检测的办法,千分之几度的背景的测量就更加难乎其难了。就是说,我们明知道空间每升中有 10 亿个中微子,携带 5×10^{-11} 尔格的能量,却眼睁睁无从查证。

彭齐斯、威尔逊用"喇叭耳"领略到大爆炸回声的主旋律——微波背景辐射。大爆炸回声的另一阕变奏曲——中微子背景更加悠扬,更加细弱,它到底会被谁首先欣赏到呢?要知道,"此曲只应天上有,人间哪得几回闻"啊!

第三章

万物都生于火,亦复归于火
——标准模型素描

此曲只应天上有，人间哪得几回闻
——"大爆炸"学说的演化

　　伽莫夫的大爆炸学说经过了几个阶段的演化，逐步形成所谓宇宙学的标准模型。伽莫夫、贝特和阿尔弗等人在 1948 年美国物理评论 73 卷所发表的论文，提出原始大爆炸学说，即所谓 α β γ 理论。论文认为宇宙诞生于高温高压的大爆炸，并且给出了早期宇宙中子与质子如何聚合为氦，并且继续演化形成星系等等的趋势，给出了宇宙诞生的一幅"风俗画"。我们今天知道，其主要结果是正确的，但有严重缺点。

　　我们在此介绍的早期宇宙速写，大部分情节并非属于伽莫夫等人的。这倒不是伽莫夫等人没有本事。原因在于 20 世纪 40~50 年代，人们对于小宇宙的研究太肤浅。我们不要忘记，伽莫夫等人是"大爆炸学说"的奠基人。随着粒子物理研究的长足进展，人们对于小宇宙的认识的不断深入，这里给出的宇宙诞生的图画还要修改。所谓暴胀宇宙论就是一个成功的修正方案。本节介绍的标准模型不涉及暴胀宇宙论。

　　据标准模型说，大爆炸开始 10^{-43} 秒以前的事情，我们不得而知。在这个所谓量子引力时代，宇宙中只存在一种力——量子引力。由于引力的量子理论尚未成功建立起来，其规律也无从知道。因而这个时期宇宙的情况，对于我们来说，还是"未知之数"。关于大爆炸以前的问题目前可以根据超弦论进行初步地探讨，以后再说。

　　标准模型展示的第一组早期宇宙的画面，是所谓辐射相时期的素描，时间在 $0~10^3$ 年左右。大爆炸后 10^{-43} 秒（称为普朗克时间）宇宙的情况，宇宙的温度高达 10^{32}K，就是一亿亿亿亿度的高温。宇宙的典型线度只有 10^{-33} 厘米。因而宇宙处于难以思议的高密度状态，密度高达 10^{92} 克/厘米^3！图 3-1 中横坐标表示宇宙年龄，纵坐标为宇宙介质的温度。

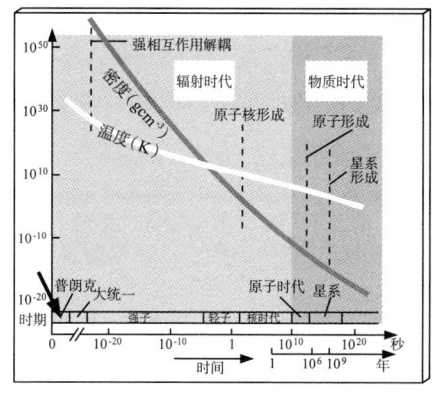

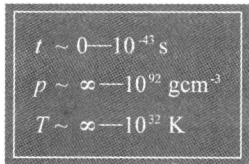

▲ 图 3-1 宇宙演化的普朗克时期

在这个奇妙的时刻,每个粒子的平均能量高达 10^{19}GeV。因此,此刻的宇宙有如一个巨大的粒子加速器。世界上最大的粒子加速器,美国费米国立加速器和欧洲核子中心(CERN)质子加速器至多把粒子的能量加速到 2TeV~7TeV。此刻的宇宙是多少宏伟而理想的粒子物理实验场地啊!

乔治(H. Geogi)和格拉肖(S. L. Glashow)在 1974 年提出一种叫做 SU(5)的大统一理论。这个理论预言,在粒子能量达到 10^{14}GeV 时,或当粒子靠近到 10^{-28} 厘米时,我们熟悉的强相互作用、电磁相互作用和弱相互作用,便合三为一,叫做大统一力。

许多人猜测,当能量进一步提高到 10^{19}GeV 或粒子靠近到 10^{-33} 厘米时,万有引力的强度也达到其他相互作用一样的强度,量子引力效应起作用了。此刻四种力一股脑儿统一起来,并合为一种叫做量子引力。

超引力的性质人们还不太清楚。所以,在 10^{-43} 秒以前的宇宙的情况,即使对于想象力丰富的科学家来说,也只好语焉不详! 不过,我们可以设想,此刻物质的主要成分是亚夸克吧。还有许多传递超引力的场量子,例如引力子、引力微子等等,驰骋于宇宙之中。

此刻宇宙中难以想象的高压,"压碎"了原子,"压碎"了中子、质子等强子,也"压碎"了夸克和轻子,甚至光子、胶子等规范粒子也可能被"压碎",统统都变为亚夸克。

我们都知道，夸克目前以自由状态存在是不可能的，就是说不能直接观察到。据说是"囚禁"起来了。"空山不见人，但闻人语响"，夸克的芳姿，难以露面啊！至于下一个物质层次——亚夸克，就我们来看，更是笼罩着疑云怪雾，内中情况大多只是推测而已。有关情况在超弦论中可以得到说明。

可是你看，在极早期宇宙，10^{-43} 秒（或用科学术语普朗克时间）以前，整个宇宙是这些神秘的亚夸克的自由天地呢！据有的科学家说，此刻亚夸克与超引力辐射场粒子——引力子和引力微子的相互作用是非常强的，以致我们可以认为，引力辐射（引力场）与亚夸克处于热平衡状态。

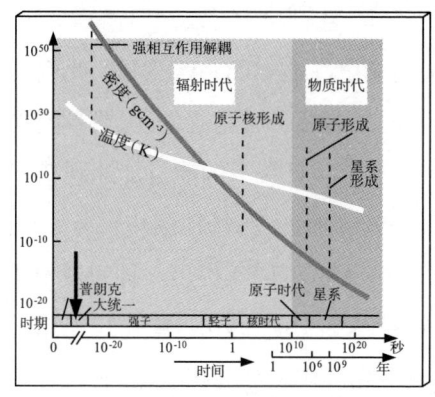

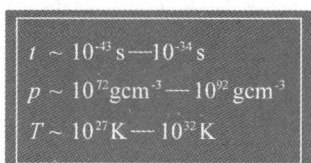

$t \sim 10^{-43}\,s - 10^{-34}\,s$

$p \sim 10^{72}\,gcm^{-3} - 10^{92}\,gcm^{-3}$

$T \sim 10^{27}\,K - 10^{32}\,K$

▲ 图 3-2　大统一理论时代

在临近普朗克时间的某个时刻（大爆炸后 10^{-43} 秒~10^{-34} 秒），观察到宇宙的"粒子汤"中发生第一次"粒子"与"汤"的分离。引力子在 10^{32}K 高温下"退耦"了。就是说，引力辐射与其他粒子的相互之间不再处于热平衡状态，或者不再发生耦合（实际有微不足道的耦合）作用。宇宙进入大统一理论时代。此时宇宙存在两种力：引力和大统一力。

形象地说，此后的宇宙，对于引力辐射是"透明"的了，它们几乎可以自由自在地在宇宙中遨游。

自此以后，随着宇宙的膨胀，引力辐射的有效温度反比于宇宙的典型长度。如果上述推测是正确的话，今日之太空必定充满引力辐射。据温伯格计算，引力背景辐射的有效温度约 1K。

引力辐射保存着宇宙历史的最早时刻的信息。遗憾的是，由于引力辐射与物质的相互作用力是中微子与物质的相互作用力的 10^{-32}~10^{-28}！看来探测引力背景辐射，只会是极其遥远的事情。

大统一理论时代，大爆炸后 10^{-43} 秒~10^{-34} 秒，温度下降到 10^{27} K，宇宙质量密度为 10^{72} 克/厘米 ^{3}~10^{92} 克/厘米 ^{3}，宇宙也在不断膨胀，压力不断减少，引力子退耦的过程完成了。亚夸克聚合为夸克、轻子和光子的过程完成了。此时，可以说宇宙由亚夸克时代进入夸克时代了。

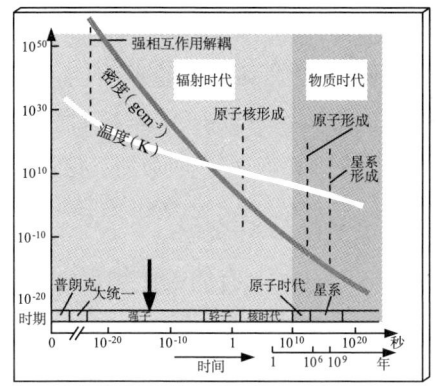

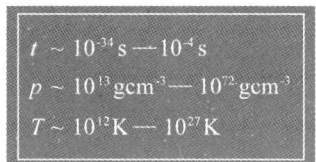

$t \sim 10^{-34}s — 10^{-4}s$
$\rho \sim 10^{13}\,gcm^{-3} — 10^{72}\,gcm^{-3}$
$T \sim 10^{12}K — 10^{27}K$

▲ 图 3-3　强子时代（重子时代）

在人类远古时代，没有文字记载，是所谓传说时代。亚夸克时代发生的事，由于目前没有可靠理论可供估算，所以上面所说的情况，到底有几分可信成分，目前还不得而知，姑妄言之，姑妄听之罢。

从 10^{-34} 秒开始，强相互作用的强度已与弱电相互作用的不一样了。此时粒子能量平均约为 10^{14} GeV，夸克、轻子以及光子、胶子和其他规范粒子皆在热平衡状态下彼此耦合极强。物理学家往往戏称它们为"粒子汤"。

在小宇宙中，能域在 1GeV~10^{15} GeV 之间，称为"大沙漠"。这样命名的原因是：在这个广大能域，发现的新物理现象甚少。大致可以清楚的是，宇宙年龄在 10^{-9} 秒时，宇宙温度降到 10^{15} K。到 10^{-4} 秒时，温度下降到 10^{12} K，绝大部分正反夸克湮灭了。

此时宇宙演化进入新时代——强子时代。根据莫斯科列别捷夫物理研

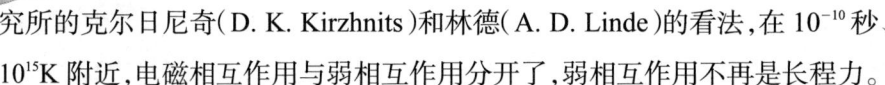

究所的克尔日尼奇(D. K. Kirzhnits)和林德(A. D. Linde)的看法,在 10^{-10} 秒、10^{15}K 附近,电磁相互作用与弱相互作用分开了,弱相互作用不再是长程力。

物理学家把这种情况形象地比喻为"颜色"与"味道"分开了。自此以后,"夸克"就"禁闭"到"强子袋"中,而且似乎难得有出头之日。所以其庐山真面目,人们只能凭想象罢了。

尽管有许多人想,会不会有少数"化石粒子"——夸克逃脱禁闭的厄运,至今还在宇宙空间游荡? 近 20 年来,似乎常常传来一些振奋人心的消息,说是捕捉到"自由夸克"的踪迹了。美国实验物理学家费尔班克(W. M. Fairbank)领导一个小组孜孜不倦地寻找它们。然而,经过仔细考究这些"佳音"都是靠不住的。现在,绝大多数人相信,自宇宙鸿蒙时夸克聚合为强子以后,就不曾有一个"自由夸克"跑出来!

多么长的"囚禁",多么长的"徒刑",足足有 138 亿年!

这段时期的特点是,中子与质子等强子生成了。有的天体物理学家认为,有相当一部分物质在高压下形成所谓"原始黑洞"。

1971 年,英国科学怪杰霍金(S. W. Hawking)指出,现存的黑洞有的很大,质量相当于一个星系;有的很小,叫微型黑洞,只有一个原子大小。霍金认为,太空中每立方光年中,微型黑洞多达 300 多个,其中绝大部分是产生于强子时代。

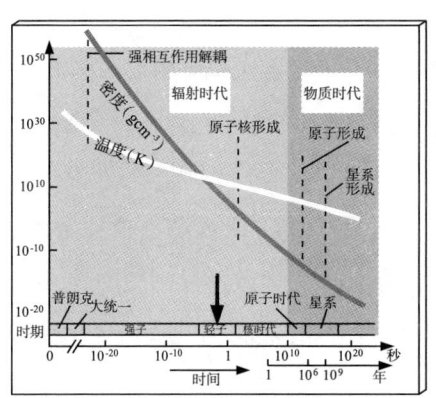

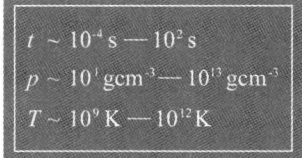

$$t \sim 10^{-4}\,s - 10^2\,s$$
$$\rho \sim 10^1\,gcm^{-3} - 10^{13}\,gcm^{-3}$$
$$T \sim 10^9\,K - 10^{12}\,K$$

▲ 图 3-4　轻子时代

我们已经讲过,黑洞不能辐射光或其他物质。但是如果与其他天体相撞,却能产生极高的热量,吸收天体的物质而"自肥"。有的人想象力丰富极了,他们说,"圣经"中记载的多玛城的毁灭,就是被一个微型黑洞所击中。

在宇宙年龄 10^{-4} 秒~10^2 秒左右,宇宙进入所谓轻子时代,温度下降到 10^9K~10^{12}K。宇宙里包含光子、介子、反介子、电子、正电子、中微子($\nu_e, \nu_\mu, \cdots\cdots$)和反中微子($\bar{\nu}_e, \bar{\nu}_\mu, \cdots\cdots$),以及中子、质子等强子等等。它们处于热平衡状态中。

此时,正、反粒子继续湮没。在 10^{12}K 处,正、反 μ 子开始湮没,同时中微子与其他粒子"退耦",很快宇宙中 μ 子消失殆尽($T\approx5\times10^{11}$K 处)。在 5×10^9K 附近,正、负电子湮没殆尽。

原来,在 10^{18}K 处,核子数目大体与光子数目相等,也许核子数目稍多于反核子(这个问题以后要专门讨论)。由于正、反核湮没的结果,只剩下数目甚少的中子和质子,加之中子会衰变为质子,所以到 4 秒($T\approx5\times10^9$K)时,中子与质子的比为 1:5。

轻子时期大约要延续到 200 秒。宇宙尺度已经膨胀到有 1 光年(约 10 万亿千米)大了,温度下降到 10^9K。宇宙中物质的平均密度为 10^1 克/厘米^3~10^{13} 克/厘米^3。太空中主要是光子、中微子等无静止质量的粒子,它们到处自由游荡。相比之下,湮灭后残留的电子和 μ 子等有静止质量的轻子数目变化不大,但是它们跟质子和中子的数目比,大约是 10^9 比 1。

大体说来,自强子时代开始,我们可以用广义相对论、统计热力学、原子核物理学和粒子物理学等成熟理论比较准确地描绘宇宙演化图景。可以说,自此以后,宇宙进入"信史时代"。以前,多多少少是"传说"成分居多。

到现在为止,光子、中微子,也许还要加上引力子等辐射粒子的平均能量密度,大大超过核子、μ 子等辐射粒子的平均能量密度,我们称宇宙在此以前处于辐射时代,此刻宇宙居民的主体是光子、中微子、反中微子等。

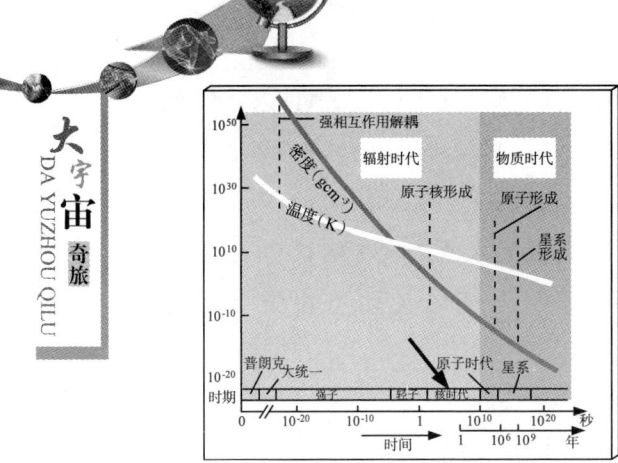

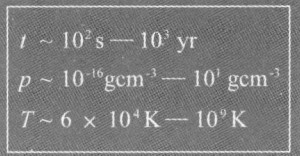

$$t \sim 10^2 s — 10^3 yr$$
$$p \sim 10^{-16} gcm^{-3} — 10^1 gcm^{-3}$$
$$T \sim 6 \times 10^4 K — 10^9 K$$

▲ 图 3-5 核时代

宇宙诞生 3 分钟后,宇宙进入核时代($10^2s\sim10^3yr$)。温度下降到
$6 \times 10^4K\sim10^9K$,密度为 10^{-16} 克/厘米$^3\sim10^1$ 克/厘米^3 平均能量约为 0.1MeV。
进入核时代时温度只是太阳中心温度的 70 倍,电子与正电子绝大部分消失。
最初的轻原子核氘和氦 3(^{3}He)终于能由质子和中子聚合而成。由于温度较
低,氘不会被热光子"劈裂"。

最后氦 3(^{3}He)与中子,或氚(^{3}H)与质子会迅速聚合为氦(^{4}He)。很容易
估算,核反应的结果是,在几分钟内,几乎所有的中子被消耗光,宇宙中的可
见物质只有质子、氦核和电子。由于宇宙的膨胀和冷却,氦核无法通过核反
应生成更重的元素。当 $t=10^3$ 秒,$T=3 \times 10^8K$,宇宙元素丰度确定。从 10^9K
到 10^{10}K,^{4}He 的生成百分比约为 25%(与氢的丰度百分比)。核合成开始时质
子与中子数目比为 7:1,质子与氦核的数目比为 12:1,这个时代宇宙的轻元素
核已经形成,因此称为核时代。

此刻宇宙的成分是由质子、^{4}He(少量 D、^{8}He)以及电子所组成的等离子
体。它们与光子辐射场相耦合,处于热平衡状态,成分中没有中性原子,因为
宇宙仍然太热,原子核的"束缚力"依然不能把电子拉到自己的周围。

温度继续下降,大概到宇宙年龄 30 万年~40 万年左右,温度达到 4000K,
相当于 0.4eV 的能量。宇宙的"等离子汤"形成大量中性氢原子。氢、氦的平
均密度(能量)超过辐射能量密度。宇宙进入一个新时代——物质为主的时

代，其第一阶段称为原子时代：10^3yr~10^6yr。

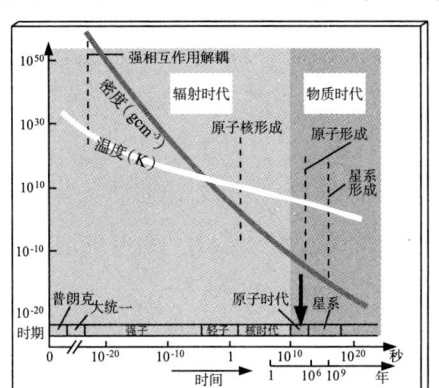

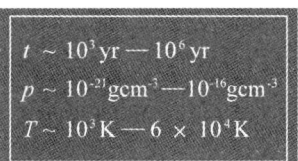

$$t \sim 10^3 yr - 10^6 yr$$
$$p \sim 10^{-21} gcm^{-3} - 10^{-16} gcm^{-3}$$
$$T \sim 10^3 K - 6 \times 10^4 K$$

▲ 图 3-6　原子时代

宇宙的中性原子气体与光子辐射场此时解耦。跟以前中微子、引力子的情况一样，光子与物质粒子的热平衡脱离了。宇宙空间对于电磁辐射透明化了。此后辐射场与物质气体各自独立演化，辐射场将自由膨胀，温度不断降低成为微波背景辐射。

这个以物质为主（即中性原子为主）的时代，又叫复合时代（物质相时代），而以前的宇宙处于辐射相时代。原子时代的宇宙物质开始在宇宙中占主导地位，高温使得氢和氦处于电离状态，大量的自由电子导致光子的自由程极短。当温度降至约几千 K，电子与原子核结合形成原子。当 $T \approx 4500K$，宇宙主要由原子、光子和暗物质构成。

需要说明一点的是，如果不是高能光子太多，本来在 $1.5 \times 10^5 K$ 处，中性氢就会形成，因为此时高能光子平均等效能量为 13eV，已小于氢原子的结合能 13.6eV。但是由于光子数几乎比质子数多 10^9 倍，在 $1.5 \times 10^5 K$ 处，仍然有足够多的能量大于 13.6eV 的光子存在，它们能够把中性氢原子的束缚电子敲掉，以致不可能有可以察觉的中性原子存在。

一般说来，我们称宇宙年龄 10^{-35} 秒以前，叫宇宙甚早期。以后延续到 3 分钟（严格说是 5 分钟），叫宇宙早期。早期宇宙的后期发生的最重要的事，是强子聚合为原子核。大爆炸标准模型成功地预言氢与氦的丰度比。1965

年,人类居然聆听到大爆炸的回声——背景辐射。至于宇宙中比锂还重的元素,则是在尔后漫长的岁月中,在恒星内部一系列核聚变所产生的。在超新星的可怕爆发时,有大量比铁还重的元素生成。

我们现在更加清楚,微波背景辐射原来就是在宇宙年龄 30 万年~40 万年时,与物质气体脱耦的辐射场,经宇宙膨胀而红移,最后到达地球。背景辐射实际上反映脱耦时宇宙的物质分布特征,正像星光反映光子离开的时候星体表面的特征一样。

历史考古学揭开了许多历史或远古时代的秘密。"天体考古学"居然揭开宇宙起源,包括宇宙早期的许许多多的情况。

温伯格感触万端地在 1976 年写道,人类能够说出,"宇宙在最初的一秒、一分或一年终了时是什么样子(指温度、密度和化学组成),是一件了不起的事情","令人振奋的是,我们现在总算多少有点把握地说一说这些事情了"。

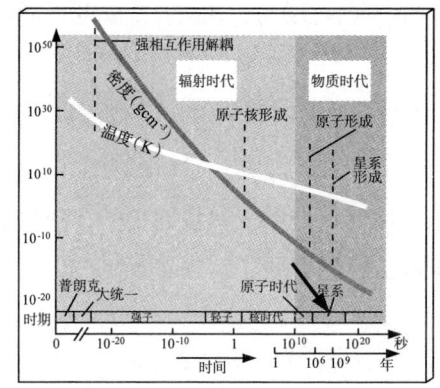

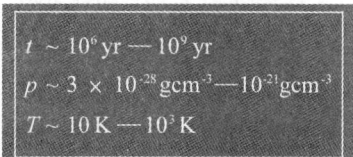

▲ 图 3-7　星系时代

宇宙在 30 万年~40 万年以后,一直延续到现在,称为星系时代。在这个时代由于暗物质、引力作用的不稳定性等原因,造成物质分布的不均匀性。物质气体由于引力收缩,物质逐渐成团,演化为绚丽多姿的星系团、星系、恒星,而后又有太阳系的形成,地球的诞生,生命的出现,人类的繁衍。

星系与大尺度结构形成,宇宙在宏观上开始表现不均匀性,类星体和第一代恒星开始出现。

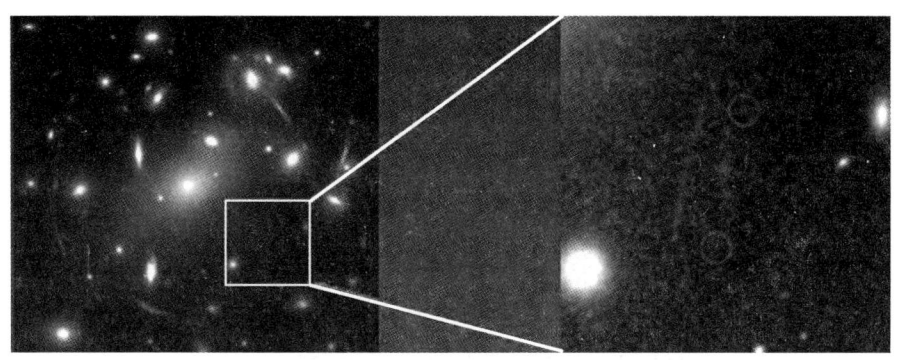

▲ 图 3-8　哈勃望远镜观测到的第一代星系团 Abell2218

年年岁岁花相似，岁岁年年人不同
——标准模型视界问题及其他

标准模型所取得的成功是毋庸置疑的，在 20 世纪 70 年代已广泛被科学界所接受，以致被赐予"标准模型"的佳号。考虑到直到 20 世纪 50 年代，人们还普遍地认为，一个严肃的科学工作者是不会致力于早期宇宙的研究的；早期宇宙是神话、诗歌、宗教和玄学的王国。我们禁不住为人类的智慧和科学的洞察力顶礼膜拜！

然而标准模型只能算作早期宇宙研究中春天的第一只燕子罢了。其中的问题不少，有的还相当严重。实际上，只要对它的基本理论略作考察就容易知道，这些问题的出现是必然的。

我们知道，在广义相对论上，引力用弯曲时空中的度规场描述。在标准模型中，利用罗贝松—瓦尔克度规场(Robertson-walker metric)描写空间的引力，这种度规场的特点是具备均匀性和各向同性（各个方向性质相同）。

宇宙动力学方程就是尽人皆知的爱因斯坦方程。方程的左端包含描写引力的曲率，引力用曲率（时空弯曲的量度）描写。引力越强，曲率越大。从广义相对论来看，没有什么引力，有的只是时空的弯曲，地球绕日旋转不是引

力产生的,而是引力在相应的弯曲空间中走短程线,好像牛顿力学中物体没有受到力的作用,做匀速直线运动样。这种用几何方法描写引力场,是爱因斯坦的卓越贡献。方程的右端表示物质(能量)场,迄今尚未找到如何用几何方法描述它们的办法。

▲ 图 3-9 广义相对论与弯曲时空

因此,从本质上来说,描写宇宙演化的爱因斯坦方程简单说来,就是时空的曲率等于物质的能量密度。广义相对论可以说是科学史上最富于独创性、最优美的理论了。但是,爱因斯坦本人并不完全满意。他说,他的方程左端是大理石制成的,严整而雅丽,但右端则是木头所制成的。令人不快。

在标准模型中,物质(或能量)当做理想气体处理,在早期宇宙中,由于物质处于极端高温之下,绝大部分有静止质量的粒子都湮灭为γ光子,或其他无静止质量的粒子,如中微子等。极少有质量不为零的粒子存在。此时宇宙间充满γ光子、中微子等辐射粒子。后者与前者的数目之比约为 10^9:1。前面说过,这个时期又称为辐射时代。

这样看来,标准模型对物质场的处理方法,跟实际情况相差不太远。难怪大爆炸模型的许多重要预言能得到观测的强有力地支持。一般来说,宇宙年龄1秒到3分钟之内,标准模型对宇宙的演化的描述大体不错。

然而,聪明的人自然很快就会想到,在早期宇宙的极端高温下,粒子的湮灭和相互转换现象极其普遍。这是典型的量子现象,而不属于经典气体的行为。换言之,标准模型既然将宇宙介质当做经典气体处理,许多严重的问题的产生也是势所必然的。

1980年,美国麻省理工学院的天体物理学家居斯(A. H. Guth)副教授对标准模型进行了重大的修正,提出所谓暴胀模型(The inflationary scenano of the very early universe)。1982年,苏联人林德和美国宾夕法尼亚大学的斯忒哈德(P. J. Steinhardt)副教授各自独立地对该模型作了进一步地修正和发展,提出所谓新暴胀宇宙论。

1983年,林德另树一帜,又提出颇有新意的混沌暴胀宇宙论。科学怪杰霍金的工作,也是值得我们介绍的。本书叙述的重点是暴胀宇宙论。

暴胀宇宙论的基本出发点就是将宇宙介质——物质场,用量子场论,特别是用大统一理论描述。这样,就可比较准确地刻画早期宇宙的物质状态。

什么是量子场论呢?这当然一言难尽。原来在小宇宙中,微观粒子一方面像粒子,另一方面又像波,这就是所谓波粒二象性。此外,在高能领域内,粒子的湮灭和相互转换,也是常见的现象。量子场论是小宇宙中粒子波粒二象性以及粒子的湮灭、相互转换等现象逼真的"速写"或"素描"。

你看,大宇宙和小宇宙的研究就是这样,一荣俱荣,一损俱损,相得益彰。大宇宙的研究每深入一步,就需要对小宇宙的研究前进一步。

在浏览暴胀宇宙的壮丽画面之前,我们先回头看看,标准模型到底在哪些地方出了问题,温故而知新嘛。

标准大爆炸模型的问题很多,诸如重子数不对称问题,磁单极子过多的问题,扰动性问题等等。然而最突出的问题,要算所谓自然性问题,亦即视界问题和平坦性问题。

先说视界问题和平坦性问题吧。这两个问题实际上是联系在一起的。

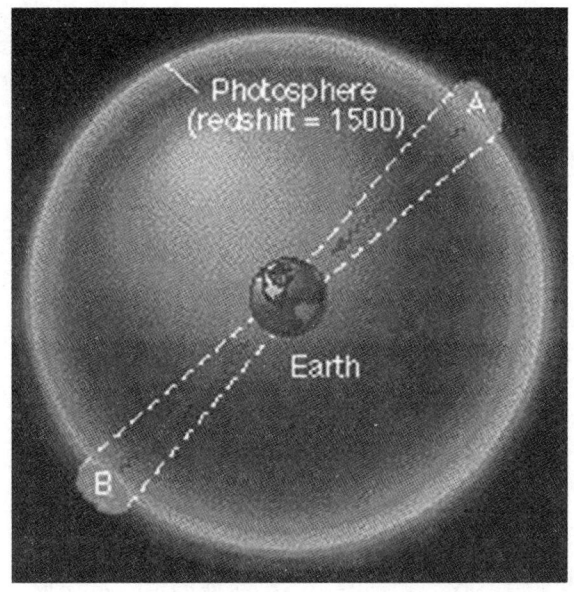

▲ 图 3-10　光子在目前宇宙视界上相对两点间的运行时间超过宇宙年龄

什么叫视界呢？用一句通俗的话说,就是指宇宙中彼此间能够有因果关系的区域的大小。视界的存在,原因在于宇宙在膨胀。

我们知道,狭义相对论的最重要原理就是,任何物理作用,任何信息,都不可能比光信号传播得更快。举一个例子,假如有一个法力无比的灵怪心血来潮,摇动光焰万丈的太阳。以太阳为中心,这一幕奇怪的景观,在时间 t,只有在 $r=ct$ 半径之内的地方才可能看到。

当 $t=8$ 分钟, $ct=150000000$ 千米,此时在地球上的人有可能领略此情此景。在 8 分钟之前,地球上发生的任何事情,都不会与此灵怪摇日有关,即与此事无因果关系。

设在大爆炸瞬间有光讯号发生,由于宇宙年龄至今不过 100 亿年~200 亿年。约莫就是我们观测宇宙的尺度大小。就是说,目前宇宙的视界,实际上就是我们宇宙的"边界"。

因此,在大爆炸后的漫长岁月中,宇宙中各个地方在原则上可以由引力或电磁作用等彼此联系着,它们彼此相互影响。一句话,照这样看来,整个宇宙是一个彼此有因果联系的区域。

设想天外有天,在视界以外,离我们更远的地方有许多星系。这些星系的光线,任何信息,甚至任何影响,将永远不会到达我们这里。不管我们怎样改造天文望远镜,或者采用什么最奇妙的测试仪器,都永远"看不到"、"感知"不到它们。视界外的区域中发生的事,跟我们不会有任何因果关系,它们对我们毫无影响。

在早期宇宙情况就不同了。在标准模型中,我们今天观察的宇宙,在大爆炸后 10^{-35} 秒,其典型尺度(或不那么确切地说为直径)大致为 1 厘米。这时视界的线度约为

$$2 \times 光速 \times 时间$$

$$= 2 \times 3 \times 10^{10} 厘米/秒 \times 10^{-35} 秒$$

$$= 6 \times 10^{-25} 厘米.$$

这意味着,宇宙的线度在那个时候比视界大 24 个数量级。

仔细寻思,问题出来了。在那时宇宙实质上由 10^{72} 个相互没有因果关系的区域所构成。宇宙中这些区域不可能相互影响。我们从天空中两个相反的方向所观察到的微波背景辐射,相应的辐射源的平均距离,在辐射发射的时候,超过视界的 90 倍!

然而,正像我们在前面已经谈到的,我们的宇宙的物质分布,在大范围(超星系团线度的 2 倍,即 10 亿光年以上)是高度均匀和各向同性的。从微波背景辐射来看,宇宙各处的背景等效温差相差不到万分之一度。

在标准模型中,这一点很难理解。试问,当初原本没有因果联系的 10^{72} 个区域,如何会演化为我们宇宙今天这个样子:在大范围内性质几乎处处相同?视界问题,归根结底就是宇宙结构在大范围均匀性问题。

譬如说,在地球上不同地方一天内诞生好几万婴儿,一般说,他们彼此之间没有血缘关系。20 年以后,他们都成人了。如果我们一旦发现,他们的面貌、身材、性情、爱好居然全都一模一样,难道不会大吃一惊吗?

要知道,年年岁岁花相似,岁岁年年人不同啊!但是,这样的事竟然发生

了。

与此相关的所谓平坦性问题，要稍微谈详细一点，我们在下一节将娓娓道来。但是，所谓扰动性问题，却应该与均匀性问题一起谈清楚。

我们知道，宇宙结构在小范围内是极不均匀地呈块团状结构。物质分布以恒星、星系、星系团和超星系团的形式出现。1972年，苏联莫斯科物理研究所的泽尔多维奇指出，在宇宙中，如果有一个强度为

$$\frac{\Delta\rho}{\rho} \approx 10^{-4}$$

的密度扰动谱，就能解释宇宙结构在大范围内的均匀性和小范围内的不均匀性。这里ρ为宇宙介质平均密度，$\Delta\rho$为局部质量扰动密度。

与此同时，美国阿默斯特的麻省大学的哈里逊（E. R. Harrison）也得到类似的结论。他们都推测，宇宙介质在引力自作用下，由于动力学的不稳定性，会导致在小范围（用泽尔多维奇的话就是100万秒差距内，1秒差距等于3.26光年）结构块状化，这或许可以解释星系和星系团的起源。

问题是扰动是如何产生的？扰动的物理机制是什么？按照标准模型，宇宙介质在极早期宇宙中处于热平衡状态中，由于随机的统计热涨落现象引起的扰动谱所造成的不均匀性，会远大于目前宇宙结构的不均匀性。

这就是扰动性问题。1981年，泽尔多维奇和道尔哥夫（A. D. Dolgov）在《现代物理评论》上撰文说，在现代宇宙学晴朗的天空上还有一朵乌云——扰动性问题。

扰动性问题的解决途径，一是中微子质量如不为零，似乎可以解决；二是在暴胀宇宙的框架内，可以自然解决。

1982年夏天，风和日丽，众贤毕至，在纳菲尔德（Nuffield）召开了一次极早期宇宙讨论会。美国华盛顿大学的巴丁（J. M. Bardeen）、波士顿大学的皮索扬（So-Yang Pi）、芝加哥大学的特纳（M. S. turner）、英国剑桥大学的霍金、莫斯科朗道理论物理研究所的斯塔宾斯基（A. A. Starobinsky）以及居斯、斯忒哈特等人济济一堂，妙语生风。

天体物理学界的诸贤尽管对于暴胀论各个方面都各抒己见, 争论热烈。但是一点却 "英雄所见略同": 在暴胀论框架内, 扰动性问题可以自然而然地得到解决。

真是 "踏破铁鞋无觅处, 得来全不费功夫"!

念天地之悠悠, 独怆然而涕下

——平坦性问题与暗物质、暗能量

我们回想第一节所谈到的弗里德曼模型。我们宇宙演化的总趋势, 取决于宇宙的能量密度到底是多少? 通俗地说, 宇宙中全部物质的质量有多少? 或者不那么确切地说, 宇宙有多 "重"? 平坦性问题与此密切相关。宇宙的命运与临界质量有关。

我们已经知道, 由爱因斯坦的宇宙动力学方程, 得到所谓临界质量

$$\rho_0 = \frac{3H^2}{8\pi G} \approx 10^{-29} \text{克/厘米}^3,$$

其中 H 是哈勃常数, G 是万有引力常数。物理学家引入平坦度的概念, 定义为

$$\Omega = \frac{\rho}{\rho_0},$$

即宇宙的平均物质密度与临界密度之比。

注意, 如果 $\Omega > 1$, 则宇宙将是封闭的, 反之, 则将是开放的。$\rho = 1$, 则称宇宙是平直的。详情见下表。

平坦度与宇宙演化的类型

宇宙类型	平坦度Ω	空间几何	体积	时间上的演化
封闭	>1	正弯曲(球面)	有限	膨胀与再塌缩
开放	<1	负弯曲(双曲面)	无限	永远膨胀
平直	=1	0弯曲(欧几里得几何)	无限	永远膨胀, 但膨胀率近于零

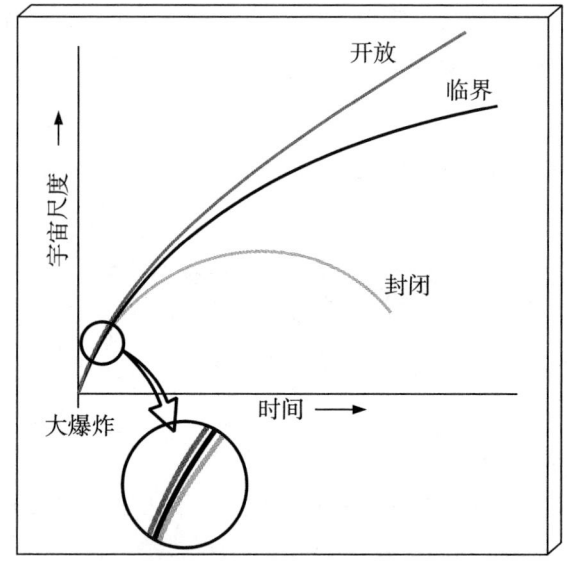

▲ 图 3-11　宇宙演化三种模式

　　在图 3-11 中，横坐标表示宇宙寿命，纵坐标表示宇宙尺度。最上面的曲线表示开放宇宙，中间为临界状态宇宙，下面曲线为封闭宇宙。我们首先考察普通重子物质，从银河系开始。如将其中两千亿个恒星质量分布到银河系空间内，平均密度只有 10^{-24} 克/厘米^3，约每立方厘米 1 个氢原子。估算恒星质量方法很多，如利用双星轨道和距离，利用双谱分光，利用γ谱线和引力红移，利用演化状态，利用分光法等等。我们且不追究这些方法的详情。

　　粗糙地说，星系团的总质量平均在 $10^4 M_s$ 量级。这里 M_s 表示太阳的质量，星系的平均质量为 $10^{11} M_s$，一般采用光度测量估算。照此推算，宇宙物质分布的平均密度为

$$\rho' = 5 \times 10^{-31} \text{ 克/厘米}^3.$$
$$(M_s = 2 \times 10^{33} \text{ 克})$$

　　但是，从动力学估计，星系和星系团中很可能存在大量 "看不见" 的所谓迷失质量。例如，室女座星系团中心区是活动强烈的巨型椭圆星系 M87，有一个直径 100 万光年的发射X射线的星云，其中气体温度高达三千万摄氏度。

如此高温的气体,如靠自引力束缚,M87 的质量(动力学质量)应比从前估计高 30 倍。

星系的动力学质量大于其光学质量的现象甚为普遍。如后发座星系团,其动力学质量是其光学质量的 20 余倍,英仙座星系团则为 100 倍。就是说大量物质未被我们观察到,已经"迷失"不见了。

天体物理学家在广阔的星系际空间搜索,发现并非空无一物。在星系团内每立方厘米含氢原子不超过 0.003 个,而在星系际空间每立方厘米不超过 10^{-4} 个氢原子,相应的物质密度

$$\rho_H < 10^{-34} \text{克/厘米}^3,$$

即令加上发现的星际分子:氢分子和 50 余种有机分子,仍然微不足道。

科学家还计算诸如宇宙射线、引力波和中微子背景辐射和微波背景辐射对于宇宙总质量的贡献。如果中微子静止质量为零,则它们对宇宙质量的贡献数量级仍然只有

$$\rho'' \approx 10^{-35} \text{克/厘米}^3.$$

因此,从现在的观察和理论估算,我们宇宙的物质平均密度约为

$$\rho \approx 2 \times 10^{-30} \text{克/厘米}^3,$$

宇宙物质的总质量容易得到为

$$\frac{2 \times 10^{-30}\text{克}}{\text{厘米}^3} \times (10^{28} \text{厘米})^3 \approx 2 \times 10^{54} \text{克},$$

即一亿亿亿亿亿亿吨! 如果我们考虑星际物质,一般认为 Ω 大于或约等于 0.1~0.3。

▲ 图 3-12 WMAP 在太空中

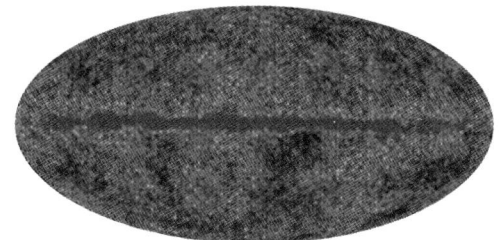

▲ 图 3-13 WMAP 的结构

现在我们来估算一下宇宙的质量到底是多少？世纪之交威尔金森卫星的发射和哈勃天文望远镜的观察完全改变了我们对宇宙物质形态的认识。威尔金森微波各向异性探测器（Wilkinson Microwave Anisotropy Probe，简称WMAP）是美国宇航局的人造卫星（图3-12），目的是探测宇宙中大爆炸后残留的辐射热，WMAP的目标是找出宇宙微波背景辐射的温度之间的微小差异，以帮助测试有关宇宙产生的各种理论。它是COBE的继承者，是中级探索者卫星系列之一。WMAP以宇宙背景辐射的先驱研究者大卫·威尔金森命名。2001年6月30日，WMAP搭载德尔塔II型火箭在佛罗里达州卡纳维拉尔角的肯尼迪航天中心发射升空。对宇宙中各类物质的分布最精确地测量是由WMAP给出的。卫星所测量的宇宙微波各向异性的分布（图3-13），给出了质量分布是：宇宙中4.6%的普通物质（重子），23%的暗物质以及72%的暗能量。必须说明，有的科学家将中微子物质作为单独的一类物质形态，本书将中微子物质与通常的暗物质规定为一类。

▲ 图 3-14　哈勃空间望远镜

暗物质和暗能量是世纪之交天体物理和宇宙学的重大发现。大致说来，现代宇宙学的观察认为，宇宙中普通物质大约占总物质的5%，这些物质是有质量的，是我们最熟悉的物质，质子、中子和电子，他们组成了恒星、行星、人类以及所有我们看见的物体。第二类物质是暗物质，暗物质也应该是由有质量的粒子构成,他们占宇宙质量的 23%,因为我们直接观察不到,所以叫做暗物质,他们的存在是由于他们对可见物体存在引力效应,被我们间接观察到的,他们在引力作用下,也可以形成星系大小的团状物体。对于宇宙星系的存在和运行具有重大作用。一般认为,暗物质分为两类,即热暗物质和冷暗物质。常见的一种热暗物质代表是中微子。我们知道中微子有三种,质量极其微小,但数量巨大,人们估计其总质量不到宇宙的 0.5%。暗物质成分的主要候选粒子是超引力理论预言的最轻超伴子和轴子(axion)。其质量被认为是质子质量的 100 倍。冷暗物质中现在大家最关注的是弱相互作用重粒子(WIMP),他们只参加弱相互作用,但质量较大。

暗物质的存在是毋庸置疑的,关于对它的探索和寻找,实验证据和可信度要比暗能量坚实的多。在天文学和宇宙学上可以把暗物质当做一种实实在在的对象来研究,而不是一种科学的假设。

1933 年,瑞典籍的天文学家兹维基(F. Zwichy)用力学和光度学方法观察后发作星系团(Coma cluster)发现,前者推算出的星系团物质的总量尽然超过后者推算出的 100 倍以上。换言之,该星系团中大部分的物质是看不到的,他称这些质量为"遗失的质量",1975 年美国天文学家鲁宾(V. Rubin)宣布一惊人发现:漩涡星系里的所有恒星几乎以同样的速度绕星系中心旋转。按牛顿的经典引力理论,离星系中心越远的恒星,旋转速度应该越慢。如果我们承认牛顿引力是正确的,那就意味着新系中存在大量的遗失的物质,即我们称为的暗物质;意味着所有的旋转星系里都存在一个巨大的暗物质晕,呈球状的暗物质"海洋"。

20 世纪 30 年代,广义相对论预言,天体的引力会产生引力透镜效应,即天体的引力会使周围的时空发生弯曲,从而促使遥远星系发出的光经过这一区域时会有一定程度的弯曲。我们观察星系,所看到的图像是一个环绕在星系周围的一个巨大圆环——爱因斯坦环。20 世纪 70 年代,天文观察证实确实存在这一效应。对这一效应的定量分析表明,星系之间确实有大量不发光的物质——暗物质存在。

近年来,对子弹星系团(bullet cluster)的观察表明,暗物质的确存在,观察由光学和射电天文望远镜进行,可以由图像判断出普通物质的分布情况,而由引力透镜的观察,则可以得到暗物质的分布情况。

实际上,对 Ia 型超新星红移的精确测量,表明宇宙在加速膨胀。这是 20 世纪 90 年代后半叶最重大的天文发现之一。分析表明,宇宙的平均物质密度大约是临界密度的 0.3 倍,而目前光和射电望远镜直接观察到的普通物质的密度不到临界密度的 1%。这是暗物质和暗能量最有力的证据。

暗物质到底是什么？目前所知道的暗物质就是中微子。精确估算它最多只占暗物质总量的 10%,其他的暗物质就要靠物理学家推测和预言了。暗物质还有一种分类法,科学家推测有两类暗物质,一类是重子型(中子和质子等)的暗物质,另一类是非重子型的暗物质。他们都不发光,或者几乎不发光。目前重子型暗物质可能还有白矮星、黑洞和一些特殊条件下的星际气体。此类暗物质在暗物质总量中为数很小。

非重子型暗物质除中微子外,均为理论物理学家在不同的模型中预言的新粒子。其中重要的有中性微子(neutralino)、轴子(axion)、卡鲁扎—克莱茵(Kaluza-Klein)粒子等。中性微子实际上是超对称标准模型中中微子的超伴子,是所有超对称粒子中最稳定的,其质量估计为 10GeV 到 10TeV 之间,与普通物质的相互作用非常微弱,因此极难发现。它又称弱相互作用重粒子(Weakly Interacting Massive Particle)。轴子是 1977 年佩西(R. Peccei)和奎因(H. Quinn)预言的一种粒子,没有电荷,质量在 10^{-6} 电子伏到 1 电子伏之间,与普通物质的作用也极其微弱。他们提出这种新粒子是为了解决宇宙中物质与反物质不对称的问题,学术上称为 CP 破坏。理论物理学家认为在超强的磁场条件下,轴子和光子相互转换,从而提供了未来探测它的途径。卡鲁扎—克莱茵粒子是加入了额外维度的标准模型理论所提出的一种新粒子,WMAP 卫星给出它的质量大致为 0.5TeV 到 1TeV。人们认为湮灭产生的正电子可能提供检测它的途径。

目前,暗物质的探测国际上十分热门,大致有超过 10 个暗物质直接探测实验,采用不同的探测技术。主要技术有利用低温半导体(Ge,Si),常温闪烁体(Nal,CsI)和液态的稀有元素(Xe,Ar),分布在各个国家的地下实验室中。种种迹象表明:人类已经在解释暗物质本性的边沿。在此不想涉及暗物质探测的具体技术细节,只是对其中的最主要方案进行大致描写。目前暗物质探测的最热门粒子是中性微子。因为如能找到中性微子,不仅是探测暗物质的突破,而且也将给予风行 20 余年的超对称理论强大的支持。探测的基本原理是中性微子与普通物质存在类似弱相互作用,因此,它在与普通物质的原子核碰撞时,会发生种种光、电、热等信号,图 3-15 表示的是中性微子在穿过普通物质时发生的物理过程。目前,观察它的领先的探测方案有两类:如低温暗物质搜寻计划(CDMS)实验探测声子和电离信号;氙暗物质(XENON)实验探测闪烁信号和电离信号,根据两种信号的比例来区别本底和暗物质。其他的方案还有康普顿空间望远镜携带"高能γ射线实验望远镜"和费米γ射线空间望远镜等实验通过探测中性微子湮灭产生的γ射线来证明暗物质的存在;南极冰原上的"南极μ子和中微子探测器阵列"和冰立方实验则是探测高能中微子,等等。

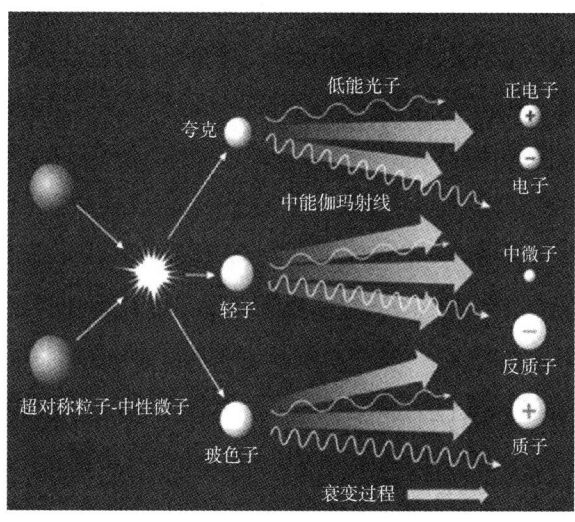

▲ 图 3-15　中性微子的湮没过程

2007年是探测暗物质的丰收年，5月，天文学家在名为 Cl0024+17 的富星系团中发现暗物质"鬼环"（爱因斯坦环），它是迄今为止暗物质存在最强有力的证据之一。该星系团离地球约 50 亿光年，环的直径约为 260 万光年。"鬼环"的形成正是由于星系团中的暗物质具有强大引力，产生所谓引力透镜效应。

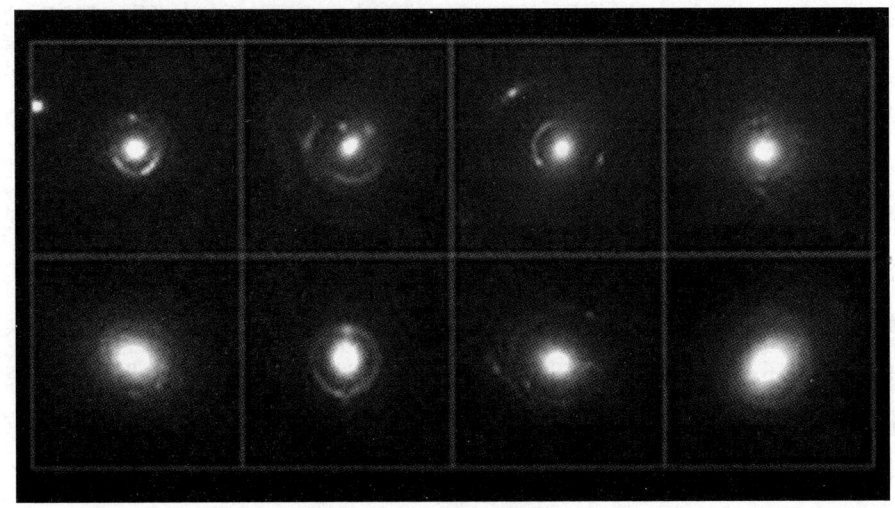

▲ 图 3-16 爱因斯坦环

HST（哈勃空间望远镜）的"宇宙演化巡天"项目科学家观察约 8 倍满月的天区面积，夏威夷的 SUBARU 望远镜、新墨西哥州的甚大阵射电望远镜和欧洲 XMM—牛顿X射线空间望远镜观测下，绘制了第一张宇宙中暗物质大尺度三维分布图。这在宇宙学和物质探源上具有重大意义。该图显示了在宇宙年龄 35 亿年~65 亿年，暗物质慢慢地聚集成团，证实了宇宙学中大尺度结构形成的理论。暗物质尽管看不见，其总量却为普通物质的 5 倍。在某种意义上来说，暗物质可以视为宇宙的骨架，而普通看得见的物质：星系等等，却只能算作是填充骨架的肌肉。知道暗物质分布图随时间的演化将为普通物质如何在暗物质的主导下，先形成丝网状，逐渐成团化，最后演化为星系和超星系的梯级式结构，即今天宇宙的大尺度结构。

2009 年 3 月 HST 进一步发现了暗物质的证据，科学家利用 HST 的先进巡天照相机(The Advanced Camera for Survey, ACS)观测英仙座星系团,发现其中心区的 29 个矮椭圆星系的图像中,有 17 个是新的。其形状平滑、规则、完整。进一步地分析表明,这些星系的质量是不足被其周围较大星系的强大潮汐力所撕碎最小临界质量,但比星系中的发光物质的质量却大得多。由此看来,这些矮椭圆星系是深埋在大的暗物质晕中。

中国科学家积极加入到暗物质的探索行列。国家 973 项目"暗物质的理论研究及实验预研"已于 2010 年 3 月份正式启动,参加单位有:中科院理论所、高能所、紫金山天文台、上海交通大学等,内容是在理论研究、直接探测、间接探测等领域对暗物质展开研究。同时,为暗物质直接探测实验而准备的地下实验室已基本建成。位于距离成都 350 千米,西昌 70 千米的锦屏山,于 2008 年开通了两条最大埋深 2500 米地隧道。隧道是二滩水电开发有限公司,为了建设水电站而开凿的。一个世界上埋深最大、宇宙线影响最下的地下实验室已于 2010 年开始投入使用,进行中国首批暗物质直接探测实验。将国际上声称已探测到暗物质实验列入下表,供参考。

声称已探测到暗物质粒子的实验

实验	CDMS	DAMA	CoGeNT	PAMELA
实验名称含义	Cryogenic Dark Matter Search	DArk MAtter	Coherent Germanium Neutrino Technology	Payload Antimatter Matter Exploration and light-nuclei Astrophysics
实验地点	明尼苏达 Soudan 矿井	Gran Sasso 地下实验室(意大利)	Soudan 矿井	附于俄国卫星
实验看到了什么	2 个反冲事例	反冲事例数的年度变化	反冲事例	正电子数超额
为什么说信号可信	直接测量,预期的暗物质信号	统计显著性	对超低能反冲事例灵敏	直接测量,预期的暗物质湮灭信号
为什么信号可能不是真的	没有统计显著性	被其他实验明显排除	也可能是普通核事例	天体物理的来源也可以解释
什么实验将继续此实验观测	超给 CDMS,NE-NON	XENON,MAJORANA	XENON,MAJORANA	阿尔法磁谱仪

宇宙中 70%以上的质量是以暗能量的形式存在的,暗能量并不直接与粒

子相关。存在暗能量的主要证据是 20 世纪 90 年代后期发现的宇宙加速膨胀。暗能量的确切性质,是物理学尚未解决的最深奥问题之一。暗能量的研究是物理学和天体物理学中最激动人心的前沿之一。我们记得前面讲过,爱因斯坦在 20 世纪 20 年代提出宇宙所演化基本方程式,加进了一个所谓宇宙项的常数,其目的是要构造一个稳态的宇宙,必须外加一个排斥力。宇宙膨胀的发现,曾经使爱因斯坦后悔不已,不应该加一项没有根据的宇宙常数。但是宇宙加速的膨胀,意味着存在着就强大的排斥力。对排斥力最朴素的描写,就是爱因斯坦的宇宙常数。在现代物理学的量子场论中,人们早就观察到一个有意义的事实,就是真空场(即宇宙中能量最低状态)其实不空,具有非常复杂的物理性质。其基本的特性之一就是具有排斥力。换言之,真空场和暗能量具有某种共同性质,但是从数量上进行研究,如果把暗能量视同为真空场,数量级竟然相差几十倍。这就是说,暗能量的问题远远没有解决。

关于暗能量的寻找,目前还处于探索阶段。HST 在宇宙学的一系列重要发现中,起到了独特作用。20 世纪 90 年代,两个独立的观察小组对 Ia 型超新星红移的研究已确定宇宙的膨胀规律。关于 Ia 型超新星红移,实际上是天文学家在确定遥远星系的距离时使用的一种"标准烛光"。历经几年艰苦搜寻,两个研究组观测了几十颗遥远的 Ia 型超新星。1998 年发表观测结果,使他们大为惊讶,完全推翻了他们原来的设想,宇宙近几十亿年正在加速膨胀!这种加速膨胀,表明宇宙中存在一种反引力,促使物质之间相互排斥。我们提到真空场的能量会产生相互排斥力。科学家就将产生引起宇宙加速膨胀的能量称为暗能量。

2001 年 4 月,HST 发现离地球约 100 亿光年远的 Ia 型超新星,观测数据表明宇宙在早期是减速膨胀,直到最近的几十亿年才开始加速膨胀。这一重要发现说明,宇宙只在最近的几十亿年其暗能量的斥力才超过引力。天文学家的解释是,宇宙在大爆炸诞生后,开始是物质的引力强于暗能量的斥力,减速膨胀;只在最近几十亿年其暗能量的斥力才超过引力,开始加速膨胀,而且将永远加速膨胀下去。紧随其后,探测宇宙微波背景辐射的空间望远镜 WMAP

的观测结果表明,宇宙在构成上暗能量占 72%,暗物质占 23%,普通物质占 4.6%,进一步证实了暗能量的存在。

暗能量本质是什么? 有科学家还认为暗能量可能不存在,其物理效应可能是别的原因引起的,是否在宇观尺度上存在着新的物理学? 总而言之,暗能量或许是 21 世纪科学所面临的最大挑战之一。目前两个研究组提出了探索暗能量的新的研究计划:寻找更多、更可信的直接实验证据。一组提出天空制图者计划,用大望远镜观测南天的遥远的 Ia 型超新星;另一组提出发射一颗专用于研究遥远的 Ia 型超新星和暗能量的卫星。

近年来,名叫 Boomerang 和 Maxima 的两个气球在高空测量了微波背景辐射上的温度各向异性。理论上假定了扰动的幂律谱后,今天应观测到的温度的各向异性分布可以算出。当然,这分布依赖于宇宙平坦度 Ω_0 等若干参量。利用观测结果与理论的比较,可以定出这些参量的取值。用这样的测量和理论分析,研究者才较令人信服地取得了宇宙的总密度。若把等效真空平坦度 Ω_λ 包括在内,它是

$$\Omega_0 = \Omega_{m_0} + \Omega_\lambda = 1.0 \pm 0.005,$$

其中 Ω_{m_0} 是实物平坦度。等效真空平坦度 Ω_λ 实际上包括了暗物质和暗能量的贡献。

因此,照目前观测值来看,我们的宇宙很可能是处于临界状态。其归宿不难推知,一个无限冰冷、无限稀薄的死寂世界。难道这就是我们这个花团锦簇世界的归宿? 它来自炽热无比的原始火球,归结于死寂和冰冷?

科学地说,天文学家花费极大精力还是无法确定 Ω 的数值。比较可靠的一点就是 Ω 介乎 0.1 到 2 之间。看来,宇宙的命运正好介乎于开放与封闭之间,真正是"半开半闭奈何天"!

从数量级来看,目前测量的 $\Omega \approx 1$,这点是断然无疑的。根据标准大爆炸模型,只要 Ω 微微偏离 1,随着宇宙膨胀,偏离会急剧增长。

无论如何,以目前 $\Omega \approx 0.1{\sim}2$ 逆推回去,在大爆炸后 1 秒末,$\Omega = 1 \pm 10^{-16}$。追溯到宇宙年龄 10^{-35} 秒,则 $\Omega = 1 \pm 10^{-15}$。就是说,宇宙空间偏离平坦的程度

只有 10^{51}。如果翻译为牛顿力学的语言就是，在宇宙的普朗克时间 10^{-43} 秒，宇宙的物质的动能与势能应完全相等，相差只不过在小数点后 50 几位！

人们要问：如果宇宙在现在并非严格平坦，那么在其甚早期为什么以如此惊人的程度接近于完全平坦？其故安在？标准模型将宇宙早期十分接近完全平坦作为初始条件接受下来，这实际等于说，不管事情多么离奇，情况本就如此，何需再问。如果要问，无可奉告。

首先指出标准模型的这个缺陷的，是普林斯顿大学的迪克和皮尔斯，他们把这个缺陷称为平坦性问题。在 1979 年，他们宣称，甚早期宇宙的平坦性问题，在标准大爆炸模型的框架中，是难以得到令人信服的解释的。

上节提到的视界问题和本节讲到的平坦性问题，统称为标准模型的自然性问题。它们反映标准模型理论的内在不协调性。探索解决这些矛盾的途径正是导致暴胀宇宙论创立的直接契机。

金风玉露一相逢，便胜却人间无数
——反物质问题

在第三章中我们提到过。1928 年，英国年轻的物理学家狄拉克提出电子理论中著名的相对论性狄拉克方程。在 1930~1931 年间，他根据这个方程预言自然界存在正电子。正电子在各个方面的性质，如质量、自旋和参与的相互作用等，跟电子一模一样，唯独电荷和磁矩与电子相反。可以说，狄拉克的预言，用笔尖揭开一个新世界的面纱。我们不由想起海王星发现的故事。1843~1945 年间，法国年轻的天文爱好者勒维烈（U. Leverrie）和英国剑桥大学的学生亚当斯（J. C. Adams）在笔尖上发现海王星的故事，已作为理论的洞察性和预见性的范例，一百余年来，广泛在人间流传。

如今狄拉克却用他的"笔尖"，发现一个一直不为人们察觉的世界——反物质世界。这难道不更值得诗人讴歌、哲人赞叹么！

1933 年，美国物理学家安德逊（C. D. Anderson）从"天外来客"——宇宙射线中发现了正电子，跟狄拉克预言的一模一样。1955 年，张伯伦（O. Chamberlain）和西格雷（E. Segre）发现反质子。1953 年，莱因斯和柯万探测到反中微子 $\bar{v}_e$。1956 年，柯克（B. Cork）等在反质子—质子的电荷交换碰撞中，证实存在反中子。如此等等。

人们发现所有的粒子都有相应的反粒子。如电子—正电子，质子—反质子，中子—反中子，中微子—反中微子等等。当然，也有少数中性粒子的反粒子就是其自身，如 γ 光子，π^0 个子等等。

值得一提的是，我国著名物理学家王淦昌于 1959 年 7 月在苏联乌克兰的基辅举行的第九届国际高能物理会议上，宣布他领导的杜布拉联合研究所的一个小组"找到了"反粒子家庭的一个新的成员——反 Σ 负超子，记作 $\overline{\Sigma}$。这是人类发现的第一个带电的反超子。

▲ 图 3-17 王淦昌先生

王淦昌、王祝翔和丁大钊等报道这一发现的文章发表在苏联"实验和理论物理杂志"（1960 年）的第 38 卷上。有趣的是，紧接在 1959 年 8 月，意大利的三个科学家就宣布发现新粒子的伙伴，反 Σ 正超子，$\overline{\Sigma}^+$。

物质的这种新的形态——反粒子、反物质的存在，展示了小宇宙的一种新的不寻常的对称性。人们一般称之为正—反粒子对称，有时更学究地称为电荷共轭对称 C 对称。

1956 年，杨振宁、李政道在理论上预言弱相互作用中宇称（P）不守恒。随之在 1957 年，吴健雄等又巧妙地用实验予以证实。自此以后，人们对于宏伟的对称王国的认识日臻丰富与完善。无论是大宇宙，还是小宇宙，对其对称性质的研究都是至关重要的。

从小宇宙的各个基本动力学方程来看，粒子与反粒子的地位完全平等。

如果有一个由反物质构成的"反人",他遇到我们称为"正粒子"的粒子,叫什么呢?"反粒子"。这就是所谓 C 对称。

从大宇宙的动力学演化方程来看,正、反粒子也是完全等价的。这样,至少从原则上来说,在标准模型的框架内,似乎正、反粒子(物质)应该一样多。

正物质与反物质如果撞在一起,就会"湮灭"得无影无踪,同时"爆发"巨大的能量,辐射无数高能γ光子。1 千克物质与 1 千克反物质相撞,湮灭后"释放"的能量,可以转换为 5 亿度电。换言之,我国最大的水电站,长江三峡水电站满负荷工作一个昼夜,发出的电力也只有这么多!

真是"金风玉露一相逢,便胜却人间无数"!不过,这不是无量数的柔情蜜意,而是石破天惊的怒吼,摧枯拉朽的爆发!

于是,一系列猜想臆测出来了。或许在茫茫太空的深处,隐藏着一个"反世界"吧!那里的原子是由反质子、反中子和反电子构成……

1908 年 6 月 30 日,在西伯利亚通古斯河中游莽原茂林的上空,突然掠过一个神秘的天体。随之一次可怕的猛烈爆炸发生了,声浪所及,在英伦三岛也记录到了。火光冲天,云霞斑斓,甚至在欧洲、非洲北部都接连三天看到白夜……

引起爆炸的天外来客到底是什么?尽管组织过几次科学考察队进行实地考察,然而直到现在,这次爆炸仍然是一个谜,各种说法纷纷攘攘,莫衷一是。

难道是地外文明使者的飞船失事?或者是微黑洞的袭击……至少已有二十几种解释。其中有一种猜测,曾使许多人拍手叫绝:这是来自反世界的"不速之客"——飞船与地球相撞,然后引起一次猛烈的湮灭过程……

超新星爆发是星空中最壮观的景象之一。一个本来暗淡的小星,突然光度增加到太阳的千万倍,乃至一亿倍,在漆黑的夜空中,像一座灯塔,光芒四射,宛如宇宙中蔚为奇观的焰火。

我国的"宋史"记载,至和元年五月己丑日(1054 年 7 月 4 日)凌晨,东方天际出现一颗极其明亮的星星,颜色赤白,光辉灿烂,犹如太白金星。司天监的官员对它仔细观察,发现这颗"客星",整整 643 天才消失。我国史书记载此类客星有 10 颗之多,是世界上保存最早、最准确和最完整的超新星的记载。

超新星的猛烈爆发,一瞬间可释放 10^{44} 焦耳的能量,相当于太阳在 90 亿年向太空释放的总能量。超新星中心温度达几十亿度,爆发时喷射的物质的速度高达每秒一万千米。

射电源星云的爆发则更具戏剧性了。巨大的喷流横贯天际,往往达几百万光年之遥。离我们约一千万光年的大熊星座 M-82 射电源的两股喷流总质量有太阳质量的五百万倍。射电源 NGC4151 是旋涡结构的赛弗特(Seyfert)星系,从其核心喷射的三个硕大气壳,相当于每年抛射一百个太阳质量的物质。

此类猛烈的爆发,其巨大能源从何而来? 有人猜测,或许就是巨大的星云与反物质构成的反星云冲撞的结果。

1963 年,自从美国天文学家施米德(M. Schmidt)和马修斯(T. A. Mathews)等发现类星体 3C48 以来,天文学家已发现几千个这种奇怪天体——类星体。

类星体的最突出的特点是,它们有巨大的红移。由此看来,它们离我们极远,而且退行速度极大。从射电望远镜来看,类星体极像恒星。

例如,红移为 3.53 的类星体 OQ172,退行速度达到每秒 27 万千米(即光速的 0.9 倍),离我们的距离约 100 亿光年。类星体体积很小,一般来说,其直径不过一光年(银河系的直径有 10 万光年)。但它们爆发时,最大的辐射功率竟超过 1000 个正常星系。

类星体的巨大能量从何而来? 就是类星体中每天爆发一个超新星,也只能解释其中的一部分能量。有人说,会不会是在类星体中间同时会有物质和反物质,两者相遇,"同归于尽"而发生猛烈地爆发呢?

天文学家曾经发现一颗奇异的双尾彗星——阿伦达·罗兰,它有一根尾巴短而细,竟然是朝着太阳的。按照通常的说法,彗尾在所谓太阳风的作用下,应该背向太阳。后来发现,具有这样反常尾巴的彗星,远非阿伦达·罗兰一颗。

有人又遐想不已:这条反常尾巴是反物质构成的,因此有这反常现象的出现……

遗憾的是,这些大胆的设想,尽管十分诱人,却都站不住脚。在我们所观测的宇宙中,所谓反物质,真是"凤毛麟角",少到极点。即令曾经有过大量密集的反物质存在,大概在某个时刻,它们靠拢"正常"物质时,老早就"湮灭""熔化"得无影无踪了。

关于超新星的爆发,彗星的反常尾巴,已有为大家接受的理论解释。有兴趣的读者可以参见有关天体物理读物。其他现象的谜底虽未解开,但可断言与反物质关系不大。

实际上我们仔细分析现有实验资料,就可发现反物质在我们观测所及,确实寥若晨星。

太阳系似乎不是反物质的藏身之地。我们已经讲过,在太阳大气的最上层——日冕不断喷射由正离子和电子构成的热等离子体气体,温度很高,约一百多万度,速度很大,约每秒 300 千米~800 千米。这就是所谓太阳风。

由于太阳的自转和太阳磁场的影响,太阳风实际是高速等离子旋风。它随着太阳活动激烈程度的变化,时大时小,不断"吹向"星际空间,影响涉及太阳系所有的地方,概莫能外。

如果太阳系内某处有大量反物质存在,太阳风与反物质相遇,就会产生强烈的γ辐射,其强度要高于我们目前的观测值的五到六个数量级。换言之,我们对空间γ辐射的观测,否定了太阳系内有反物质集聚的任何想法。

在星系团的星系际热气体会发出X射线,我们并未在其中观察到正、反物质湮灭时所辐射的γ射线。由此推知,反物质在星系团气体中的含量,至多不超过万分之一。

宇宙射线是奥地利物理学家亥斯(V. F. Hess)在 1911 年用气球把静电探测器带到高空所发现的来自宇宙深处的神秘射线。宇宙射线中绝大部分是质子和α粒子,但也几乎包括元素周期表上所有的核。这些神秘的天外来客的来历尽管还未完全弄清楚。但大体上可认为,它们大部分来源于银河系,少部分来自超新星、脉冲星等,河外星系和类星体也是可能的来源地之一。

但从宇宙线的成分来看,反粒子几乎没有,表明它们来自的地方:银河系、超新星等,其中反物质的含量也在其物质总量的 1%以下。

射电天文学发现所谓法拉第现象(效应),就是由河外星系的射电源所辐射的电磁波。由于星际磁场的影响,辐射电磁波偏振面有旋光现象,即旋光效应。

如果在河外星系大量聚集反物质,这种效应原本会抵消的。法拉第效应的发现,说明河外星系确无反物质聚集。这也暗示我们,在观测宇宙中,"反世界"是没有希望找到了。

我们现在在大爆炸学术的框架内考察我们宇宙正反物质不对称的情况。目前普通重子物质,在宇宙中的分布粗略的估算表明,每立方米的空间平均有一个重子,反重子数目近似认为是零。宇宙现在的尺度约为 10^{28} 厘米的数量级。就数量级而言,宇宙中现有的重子数为

$$(10^{28})^3 \times 10^{-6} \times 1 = 10^{78} \text{个}.$$

按照标准模型,追溯到大爆炸后 10^{-36} 秒~10^{-35} 秒,宇宙的线度约为 1 厘米。大体可以认为,当时宇宙中的重子与反重子数目的差就等于现在宇宙中重子的总数。

另一方面,根据大爆炸模型,粒子数密度与温度 T 有关系

$$n = \frac{1.2}{\pi^2} N'(T)T^3,$$

式中 $N'(T)$ 是粒子的内部自由度,

$$N'(T) = N_B(T) + \frac{3}{4} N_F(T),$$

这里 $N_B(T)$ 为玻色子的内部自由度,$N_F(T)$ 为费米子的自由度。累计夸克(费米级)、光子(玻色子)、胶子(玻色子)和引力(子)等的所有内部自由度:色、味、自旋,大约 $N'(T) \approx 1000$。由此看来,当大爆炸 $t = 10^{-35}$ 秒,相应温度 $T \approx 10^{28}$K 时,粒子密度

$$n = \frac{1.2}{3.14^2} \times 1000 \times (10^{28})^3 \approx 10^{87} \text{个/厘米}^3,$$

此时正,反粒子的比重为

$$\frac{10^{87} \text{个厘米}^3}{10^{78} \text{个厘米}^3} = 10^9,$$

显然,目前宇宙重子数是当时正、反粒子湮灭后,多余的重子。就是说,在

$t=10^{-35}$ 秒时，反粒子与粒子的比例为 10^{-9}，两者数目相差不过 10^{-9} 而已。

这样看来，在极早期宇宙中，重子不对称的程度很小，不过 10^{-9} 而已。10亿个重子，就有 10 亿差一个反重子伴随。尽管如此，这 10^{-9} 的不对称，仍然是大爆炸学说头上的巨大问号。它从何而来？

在宇宙年龄 10^{-3} 秒，宇宙温度下降到 10^{18}K，重子与反重子之间湮灭过程便急剧进行。绝大部分的重子与反重子，都"湮没得"无影无踪。重子中，只有 10 亿分之一是"净多余"的，由于找不到配对的反重子发生"火拼"，它们"大难不死"，劫后余生，一直保存到今天。

不管多么令人难以置信，我们宇宙所有的天体：恒星、星云超新星、类星体等等，几乎全部都是由这些劫后余生的幸运构成的。包括我们这个美好的蔚蓝色的地球上所有的一切：高山大泽、树鸟花卉，乃至人类本身。

所有这一切，都只是由于极早期宇宙曾经有那么一点点重子比反重子的不对称罢了。

但是，这 10^{-9} 的不对称到底从何而来？

一种说法是，这种不对称由"初始条件"给定。就是说，混沌初开，乾坤伊始，本来如此。对于"冷宇宙"或"稳态宇宙"论，这种说法勉强说得过去。对于大爆炸理论，就太不自然了。

第二种说法是，宇宙在整体上来说，物质与反物质是对称的，数量一样多。但在我们生活的这个区域，占优势的是正物质，在另一些我们观察所不及的区域，反物质占优势。

我们试看，1933 年 12 月 12 日，狄拉克在荣获诺贝尔奖金时的演讲是怎样说的吧：

"如果我们采纳迄今在大自然的基本规律中所揭示出来的正负电荷之间完全对称的观点，那么，我们应该看到下述情况纯属偶然：地球，也可能在太阳系中，电子和正质子在数量上占优势，十分可能。对某些星球来说，情况并非如此，它们主要由正电子及负质子构成。事实上，可能各种星球各占一半。"

阿尔文（H. Alfven）和克莱因（O. Klein）很早就提出这样的模型，其中物质世界与反物质世界靠磁场与引力场分开。这个模型不能解释微波背景辐射,没有受到人们重视。

奥姆勒斯(R. L. Omnes)1969 年在物理评论快报上撰文,提出了一个在大爆炸学说基础上的正、反物质对称的宇宙模型。他认为,在宇宙温度大约 4×10^{10}K 时,宇宙介质的高温等离子场会发生相变,重子与反重子互相排斥,从而在不同区域分别出现重子过剩与反重子过剩的两种状态(或"相")。

随着宇宙的膨胀,这两个区域(世界)不断增大。奥姆勒斯认为,由于两区域接触的地方湮灭所释放的能量,会驱使两区域逐渐远离。他称这种分离现象是由于一种类似水力学的分离机制产生的。现在两世界间枢亘着线度为 10^{22} 厘米的隔离区。

奥姆勒斯的想法是相当吸引人的。不幸的是,实验和理论上的检验,都说明这个理论站不住脚。

如果奥姆勒斯的理论正确,在他的理论中出现的聚接过程(Coalescence process)所释放的湮灭能量应大于背景辐射的 20 倍。即使释放的能量减少到 1/200,我们看到的背景辐射也不是今天观测到的这个样子了。

按奥姆勒斯的说法,在正、反粒子混合的地方,应有湮灭过程进行。其中会有这样的反应

p(质子) + $\bar{\text{p}}$ (反质子) → π^0(中性π介子)+其他粒子,

π^0→ 2γ(光子),

其中产生的γ光子能量在 50MeV~200MeV 范围。然而我们没有找到这样的γ光子。

苏联人泽尔多维奇和诺维可夫(L. Novikov)在 1975 年从理论上批评奥姆勒斯的模型。他们援引波格丹诺娃(L. Bogdanova)和夏皮罗(L. Shapiro)在 1974 年的计算,指出在核子与反核子之间,引力始终占优势。即使在高于 300MeV 的温度时有排斥力产生,也是在等离子体中的自由夸克之间出现的。自由夸克之间的相互作用遵从量子色动力学,不会导致使"物质"与"反物质"分离的相变发生。

奥姆勒斯的理论从根本上被驳倒了。

第三种解释,看来是最自然、也最为可取的了。主张这种方案的科学家认为,大爆炸之初,正、反粒子是对称的,这一点很合大家的"品位"。至于现在观测到的正、反物质的巨大不对称,是尔后动力学的演化的结果。

然而,具体的动力学机制到底怎么样,那就"仁者见仁,智者见智"了。众说纷纭,百家争鸣,好在有一点倒是共同的:几乎所有理论的出发点都是"基本粒子"层次。

因此,无足为怪,在这方面辛勤耕耘的"园丁"有许多驰名遐迩的高能物理学家:才气横溢的温伯格,风华正茂的爱里斯(J. Ellis),苏联氢弹之父萨哈诺夫(A. Sakharov),以及兰诺坡诺斯(D. Nanopoulos)、阿昆等等。

从小宇宙的观点来看,动力学演化方案最基本的要求是,必然有重子数不守恒的过程发生。否则,由"对称"是无法演化为"不对称"的。因此,人们自然想起,乔治和格拉肖所提出的大统一模型。这个模型曾风靡一时,使许多从为之倾倒。其中最吸引人的地方就是,它不仅很自然地将强、弱和电磁力统一起来,而且预言自然界中存在重子数不守恒的过程:质子衰变……看来解决问题的关键或许就在这里。

于是,在探索反物质问题的漫长道路中,我们终于走到暴胀宇宙论的门坎。我们将会发现,反物质问题的解决在暴胀宇宙论的框架中颇有希望。更凑巧的是,大爆炸理论的另一个棘手问题——磁单极问题,在暴胀论中居然也迎刃而解。

但是,什么是磁单极子呢? 标准模型中的磁单极子问题是什么呢?

上穷碧落下黄泉,两处茫茫都不见
——标准模型中磁单极子问题

爱动脑筋的读者一定对"电"与"磁"的对称性问题感到兴趣。为什么自然界中存在单独的电荷(正电荷和负电荷),而没有单独的"磁荷"存在呢?

所谓"磁荷"就是"磁极",或磁力产生的源。磁极永远是南(S)、北(N)两极相伴出现的。你如果将磁体一分为二,那么两个半边各自又出现南、北两个磁极。这样不断"分"下去,即令是一个单独的基本粒子,如质子、中子等,都相当于一个"磁偶极子",即有两个极的微型磁体。

真的没有单独的磁荷存在吗? 人们对此一直是怀疑的。我国汉代王充在其名著《论衡》中说:"顿牟掇芥,磁石引针。"就是将电现象与磁现象相提并论。在西方,早在1269年,佩列格利纳斯就讨论过单独磁荷存在的可能性。正是他首先提出"磁极"的概念。

磁学的先驱之一,吉尔伯特(W. Gilbert)更深入地讨论了磁极问题。在欧洲,由于人们对于地磁场不了解所造成的神秘感,使许多人相信,地球的北极有一座大磁山。有人相信,罗盘磁针指向北方,是由于明亮的北极星传来指向力。由于吉尔伯特的工作,此类"神话"一扫而空。

▲ 图3-18 中国罗盘——司南

1862年前后,麦克斯韦的经典电磁理论问世了。他的方程是那样完美和富于美学的和谐。人们在欣赏和赞叹他的成就的同时,往往忘记了,麦克斯韦曾多次考虑,是否在方程中要加入"磁荷"项,或自由磁荷所产生的"磁流"项。

由于冷酷的实验事实表明:没有发现带一种"磁荷"的粒子存在的迹象,即现在术语的磁单极子(Magnetic monopole),麦克斯韦终于没有加上磁单极子项。在他的方程里,电与磁既是统一的、和谐的,但又

▲ 图3-19 麦克斯韦先生

是不对称的。

在本书的前面，我们曾提到，现代实验资料以极高精度证明麦克斯韦理论的正确性。麦氏方程组中，电与磁的明显不对称性，归根结底，反映了自然界中有自由电荷存在，却无自由磁荷存在的现实。

但对自然界磁荷自由存在的信念，在科学界并未完全泯灭。难道上帝不喜欢和谐对称么？1931 年，灵智飞扬的狄拉克质问道："如果自然界不应用这种(指电与磁的完全对称性)可能性，则是令人惊异的。"

狄拉克从一个新的角度，重新提出磁单极问题。自从 1913~1917 年，密立根(R. A. Millikan)教授利用油滴实验准确浊定油滴所带的最小电荷，即基本电荷(现在知道，就是 1 个电子电荷)

$$e = 1.6 \times 10^{-19} \text{ 库仑},$$

人们一直为这个问题困扰：为什么自然界的所有的电荷都是基本电荷的整数倍，即

$$q = ne \text{ (} n \text{ 是整数)},$$

这个问题叫电荷的最子化问题。狄拉克将此与磁单极联系起来。

他用量子力学证明了，只要宇宙中有一个磁单极子存在，电荷的量子化条件就马上就可以得到。他在麦氏方程添上自由磁荷项后，得到电荷与磁荷的关系

$$eg = n \cdot \frac{hc}{2} \text{ (} n \text{ 为整数)},$$

式中 g 为磁荷，h 为普朗克常数，c 为光速。

当 $n=1$，得到所谓基本磁荷

$$g = \frac{hc}{2e} = 68.5e,$$

就是说，基本磁荷(磁单极子的磁荷)约为电荷的 70 倍。这个数值很大，狄拉克因此预言，磁单极子穿过物质时，很容易引起电离，从而与物质中的离子结合成为束缚态。这或许是难以见到它的"庐山真面目"的缘故罢。

这道理也很简单。两磁荷之间的相互作用与两电荷之间的相互作用的强度比为

$$\frac{g^2}{e^2} \approx 4692.25 ,$$

就是说，前者约为后者的 5×10^3 倍，是一种超强相互作用。它引起的过程不同于通常的磁现象，它比强作用甚至还要强 300 余倍！

狄拉克没有预言磁单极子的质量。其后 40 余年，人们从一般常识出发，多半默认磁单极子的质量大致跟中子、质子等强子差不多。狄拉克"请来"磁偶极子这种美妙的粒子，使麦氏方程组获得电、磁的完全对称性。

但是，这种"功勋卓著"的粒子，到底是狄拉克"神来之笔"下的幻想之物，还是像正电子一样，由于稀少，由于难于探索，而一直"藏在深闺人未识"的"国色天香"呢？

人们记得安德逊发现正电子，鲍威尔（C. F. Powell）发现π介子，都是从天外来客——宇宙射线中找到其踪迹。人们又在宇宙射线中开始紧张搜索，想尽了各种方法寻找，可是没有找到。"上穷碧落下黄泉，两处茫茫都不见。"

彷徨增加了，怀疑增加了。也许压根儿就没有"磁单极子"存在吧？也许狄拉克的预言这回是放空炮了罢？以致狄拉克本人在苦苦等待 40 年的磁单极子的佳音福旨，大失所望之余，在 80 岁高龄的 1981 年，写信给萨拉姆说："现在我是属于那些不相信磁单极子存在的人之列的。"

然而，更多的人却相信，磁单极子是实有其物的。物理学大师费米（E. Fermi）在理论上考察磁单极子以后，得出结论："它的存在是可能的。"

1974 年，苏联科学家波利亚科夫（A. Polyakov）和荷兰科学怪杰特·胡夫特（Gerard't Hooft）从近代非阿贝尔规范场理论出发，提出关于磁单极子的新思想。他们对狄拉克理论一些不令人满意的地方，如奇异弦（即磁单极子的磁势，在空间的一条曲线上其值无穷大）等等，进行了合理的处理。波利亚科夫和胡夫特证明，在 SU（2）的规范理论中，或者进一步推广到 SU（5）大统一理论中，真空自发破缺，必然导致磁单极的出现。

真空自发破缺机制是近代物理（粒子物理、固体理论等）中一个十分重要的概念，我们后面还要进行比较详细地介绍。

我们只想在此指出，真空对称性经自发破缺后会变成许多真空。空间分割为一个个的区域，同一区域的真空态是一样的，不同的区域就是不同的真空态。两区域的交界形成面状缺陷。在每一个交界处可能有叫做"扭结"一类的点缺陷出现，这就是磁单极子。

磁单极子与区域壁一类面状缺陷关系十分密切，我们在此不深究了。

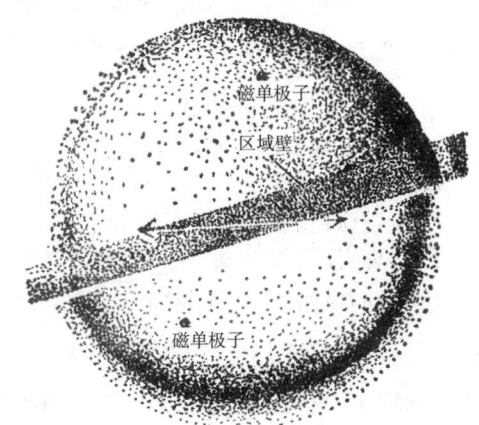

▲ 图 3-20　磁单极子与区域壁缺陷

波利亚科夫和胡夫特的论文发表以后，一时间，一股磁单极子热席卷物理学界。杨振宁和吴大峻关于磁单极子的工作尤其出色。他们把磁单极子、规范场和一种深奥的数学理论"纤维丛"（fibre bundle）联系在一起，为磁单极子的存在提供了深邃的理论基础。

杨振宁跟现代微分几何大师陈省身说到，他对于磁单极、规范场居然会跟纤维丛此类玄而又玄、极少人懂的数学概念发生联系，感到"既惊奇，又困惑，因为他们数学家能无中生有地幻想出这些概念"。陈省身回答说："这些概念并不是幻想出来的，它是自然的，而又是真实的。"

各种磁单极子理论，如烂漫山花在科苑竞相开放。这些理论对磁单极子的质量进行估计。按波利亚科夫和胡夫特的理论，如果用中间玻色子质量 m_W 表示，磁单极子的质量为（α是精细结构常数）

$$m_N = \alpha^{-1} m_W \approx (5 \sim 10)\text{TeV} \quad (\alpha = \frac{1}{137}),$$

即质子质量的 5000 到 10000 倍。在小宇宙中，这已算庞然大物了。

根据普里斯克尔(J. R. Preskill)等人于 1979 年提出的所谓重磁单极子理论，磁单极子的质量异乎寻常的大，约有 10^{16}GeV，就是质子质量的一亿亿倍，相当于 10^{-8} 克。在小宇宙中有这样的参天巨人，真使人难以思议！

我们下面估计在宇宙中残留的磁单极子的数目，或数密度，在大统一框架中，在爆炸后 10^{-36} 秒~10^{-35} 秒，温度下降到 10^{28}K，相当于 10^{15}GeV 的能量，真空对称发生自发破缺，大量的磁单极子突然"诞生"了。

磁单极子出现在不同真空态区域的交界处。由此推定，其数目大致与这些区域的数目相当，至少在数量级上是一致的。

每个区域的体积实质上就是视界所界定的空间。我们在视界问题一节，已经知道此时宇宙的体积约 1 厘米^3，而视界范围为 10^{-26} 厘米。不难算出，区域的相应体积为

$$(10^{-26} \text{ 厘米})^3 = 10^{-78} \text{ 厘米}^3,$$

在这样大的体积内，产生的磁单极子的数值其数量级也为 1。宇宙中产生的磁单极的总数为

$$\frac{1}{10^{-78}} = 10^{78} \text{ 个},$$

或者说，此时宇宙磁单极子的密度数为

$$n_m \approx 10^{78} \text{ 个/厘米}^3.$$

读者当记得，这个数字正好就是重子与反重子数的密度差。如果这些大爆炸的残骸——磁单极子全部"健在"，那么今日宇宙中，每个重子都对应有一个磁单极子。

有人认为，两种磁单极子，N 极和 S 极单极子，会像正、负电子一样，绝大部分会湮灭掉。即令如此，今日的磁单极子数目依然很大，其密度大约是

$$n'_m \approx 10^{-19} \text{ 个/厘米}^3 \text{~} 10^{-16} \text{ 个/厘米}^3.$$

如果这样估计不错，由于磁单极子的质量极大，宇宙中它们的总质量大约比重子至少大 10 万倍，比目前公认的宇宙物质的总质量的上限至少大一

千倍。这当然是不可想象的事情。

卡兰(C. Callan)和鲁巴可夫(G. Rubakov)认为,早期宇宙的磁单极子比上面估计少得多。波利亚科夫讨论过色磁单极子(Colored monopoles)方案,他认为,跟在低温(低能)下"夸克禁闭"相反,磁单极子在温度10^{13}K处有一个"相变"高于这个温度,磁单极子"禁闭"机制起作用了。其中起作用是所谓胶子弦。1980年,林德、丹尼尔等人也进行过类似的讨论。

波利亚科夫估计,目前残存的磁单极数目比原来估计的要少10^{4000}倍。这实质上意味着,宇宙中的磁单极子等于零。大多数人坚持认为,磁单极子作为"大爆炸"的奇怪产物,理应存在,而且是确实存在的。

我们来检查从宇宙射线中和利用加速器搜捕磁单极子的战况吧。

1976年,布鲁曼(A. Bludman)和拉德曼(M. Ruderman)对星系际的磁场进行详尽分析,认为如果磁单极子的密度足够大,它将由于被星系际的磁场加速,而使磁场的能量消耗殆尽,从而使银河系的磁场受到破坏。由此估计,磁单极子的密度至多为

$$n_m < 10^{-26} \text{个/厘米}^3.$$

1970年,阿斯博恩(W. Z. Osborne)根据高能磁单极子由微波背景辐射散射,由宇宙射线的资料,确定目前宇宙中磁单极子的密度

$$n_m < 10^{-24} \text{个/厘米}^3 (\text{若其质量为 } 10^3 \text{GeV}),$$

$$n_m < 10^{-26} \text{个/厘米}^3 (\text{若其质量为 } 2.5 \times 10^3 \text{GeV}),$$

一般来说,即使根据实验资料估计,结果仍然视磁单极子的质量实际多大而定。

撇开"术语"的迷雾,事实很简单:我们没有找到一个"活生生"的磁单极子。当然,间或也有好消息传来。

1975年,澳大利亚的普赖斯(P. Price)、塞克(E. Sirk)、平斯基(L. S. Pinsky)和奥斯博恩宣称,他们把测量仪器放在高空气球的吊篮中,在高空中从宇宙射线中,捕捉到一个磁单极子。

1982年,美国斯坦福大学的凯布雷拉(Cabrera)声称利用超导干涉器,花了200多个日日夜夜,记录到一个磁单极子,同时还确定了它的磁荷。据说

与理论完全吻合。

难道真的是"众里寻他千百度,蓦然回首,那人却在灯火阑珊处"么? 这些发现,曾深深使科学界激动。

按布鲁曼等人的分析,普赖斯等人的发现,颇值得怀疑。尽管他们于 1975 年、1978 年两度声称,他们的测量表明,发现磁单极子。

凯布雷拉等人的结果,虽使人兴奋一时,但经不住推敲。首先,如果凯布雷拉测量正确,则磁单极子的密度至多要比目前天文学家公布的数值高出 15 个数量级。

其次,凯布雷拉的实验设计确实巧具慧心。对于笨重的磁单极子,运动速度很慢,不会超过光速的十分之一,极易"钻入"地球表面。我们在实验室中,即使用一千吨的最强大的电磁铁,也只能使磁单极子的运动方位偏转 10^{-8} 度。所以探测极不容易,只有用所谓动态感应探测器才有可能探测。凯布雷拉探测器即属此类。

令人沮丧的是,人们重复凯布雷拉实验,而且进一步扩大搜索的范围,改进实验方法,却是音讯杳然,踪影全无。

人们想到,目前加速器的最大能量不过 10000GeV。磁单极子的质量理论估计最少为 10000GeV,最大为 10^{16}GeV。看来,不大可能产生磁单极子。宇宙射线中粒子最大能量为 10^{11}GeV,不可能找到重磁单极子,但有可能含有轻磁单极子。

在太阳系内,由于流星的引力较小,可能为磁单极子提供一个安全的"避风港"。太阳也可能是磁单极子"源"。有人估计,太阳中包含有 10^{26} 个磁单极子,每秒钟发射 10^9 个。月亮、陨石都可能藏有磁单极子。中子星从理论上看,也是相当好的磁单极子"源"。

为了捕获磁单极子,人们发展了一整套探测技术。例如,利用磁单极子穿过导电环中会产生感生电流,设计了超导量子干涉仪(凯氏法即属此类);利用磁单极子穿过物质,会引起电离,伴随光子发射,设计了"电离法"装置等等。真是"尽人间之智慧,穷造化之工巧"!

然而，结果令人沮丧，人们自然怀疑凯布雷拉测量的结果。一个科学实验，如果不能重复，怎么能取信于人呢？

当然，也不全是坏消息。人们对太阳的观测表明，太阳似乎具有磁单极子矩，似乎可以用太阳物质中含有 10^{29} 纯 N 单极子来解释。这给人们一线希望。

总而言之，从目前的实验资料来看，虽不能说，宇宙中压根儿就不曾存在"磁单极子"这种粒子，至少可以断言，其数目必定十分稀少。有的实验工作者甚至推测，磁单极子的数目也许只有重子的亿亿亿分之一，即 10^{-28}。加上它们行踪古怪，难怪人们"千呼万唤不出来，踏破铁鞋无觅处"！

但在标准模型的框架内，磁单极子的数目估计应比实验观测的极大值大得多。如果我们相信铁一般的事实：在"阿波罗"号飞船在月宫宝殿采集的样品中，我们用极强的磁场始终没有汲取到磁单极子；在中子星和超新星中也未找到磁单极子等等。那么唯一的结论只可能是：标准模型本身有问题。

人们在焦思灼虑之中，意外发现在暴胀宇宙论中，所谓磁单极子问题竟然不存在了。

啊，暴胀宇宙论……

附录　反物质探寻实验近况

粗略的估算表明，目前宇宙中，每立方米的空间平均有一个重子，反重子数目近似认为是零。宇宙现在的尺度约为 10^{28} 米的数量级。就数量级而言，宇宙中现有的重子数为 10^{78} 个。就是说，重子数与反重子数的比例为 $10^9 : 1$。尽管如此，人们在自然界寻找反物质还是没有终止。人们不断地通过各种探测手段，如发射各种探测卫星、天文望远镜、γ 射线探测器等等，寻找自然界中的反物质。

但是人们不屈不挠，继续反世界的探索。近年来，不断有所发现。1997 年，美国人在银河系就发现了一个比较强大的反物质的喷射。值得大书特书的是以丁肇中为首席专家的阿尔法磁谱仪探测项目组，目的是去太空寻找反物质。

1998 年 6 月 2 日，美国"发现"号航天飞机携带阿尔法磁谱仪发射升空。该仪器的核心部分由中国科学家制造，是当代最先进的粒子物理传感仪，阿尔法磁谱仪这次随"发现"号上天，尽管没有发现反物质，但采集存贮了大量珍贵的科学数据。原计划 2002 年将它送上国际空间站，进行长达 3 年的数据采集工作，探索反物质。但是由于种种原因，一直到 2011 年 5 月 16 日，美国"奋进"号航天飞机携带着中国参与制造的阿尔法磁谱仪，从佛罗里达州肯尼迪航天中心发射升空，前往国际空间站。人们对此次探索，充满期望。因为此次探测器的灵敏度要高于此前的探测器的 $10^4 \sim 10^5$ 倍。

阿尔法磁谱仪（AMS02）重达 6700 千克，系由美国麻省理工大学丁肇中教授构思建造的物理探测仪器。他所带领的高能物理团队将三十多年来粒子加速器所积攒下来的经验推向太空。阿尔法磁谱仪将依靠一个巨大的超导磁铁及六个超高精确度的探测器来完成它搜索的使命，在国

▲ 图 3-21　阿尔法磁谱仪

际空间站(ISS)的主构架上被放置三年，远离大气层以保证不受干扰，并充分利用国际空间站上的系统来采集数据。阿尔法磁谱仪电磁量能器，能够测量能量高达 TeV 的电子和光子，是寻找暗物质的关键探测器。

参加阿尔法磁谱仪国际合作的中国单位包括中国科学院电工研究所、上海交通大学、东南大学、山东大学、中山大学，以及台湾的"中央研究院"物理研究所、"中央大学"、中山科学研究院等。其中，中国科学院高能物理研究所和中国运载火箭技术研究院与法国、意大利的两个单位合作，研制了阿尔法磁谱仪电磁量能器。该项目首席科学家是丁肇中。这一项目投入达 20 亿美元，研究人员来自美、欧、亚三大洲 16 个国家和地区的 56 个研究机构，是继人类基因组计划、国际空间站计划和强子对撞机计划之后的又一个大型国际科技合作项目。

整个探测器的机械结构的设计、制造和环境试验是由中国运载火箭技术研究院承担的，精度非常高，能达到航天飞机在起飞和着陆时对机械结构强度的十分苛刻的要求。中国水利水电科学研究院承担了对机械结构强度的试验。1998年6月，安装了各种探测仪器的阿尔法磁谱仪在航天飞机上进行了为期10天的飞行，获得了大量的科学数据。同年12月由原航天总公司科技委对AMS主结构进行了技术鉴定，鉴定认为：阿尔法磁谱仪主结构的成功研制开创了中国航天技术进入国际高能粒子物理研究领域的先河，主结构在薄壳结构设计分析、制造工艺和地面试验方面达到了国际先进水平。

阿尔法磁谱仪进行大型粒子物理实验，将具体观测太空中高能辐射下的电子、正电子、质子、反质子等等。期望探测到有几种理论物理学家预测的新粒子，并得到粒子和它们远方的天体来源的宝贵信息。结果有可能解答关于宇宙大爆炸一些重要的疑问，例如"为何宇宙大爆炸产出如此少的反物质"？或"什么物质构成了宇宙中看不见的质量"？让我们期待阿尔法磁谱仪在探测反物质和暗物质等方面的好消息吧！

阿尔法磁谱仪探测实验的一个主要目的，就是探索宇宙学的难题之一——反物质问题。通俗地说，就是回答大自然的古怪偏好——为什么找不到反物质？

我们生活在一个由物质构成的世界，宇宙万物——包括我们人类在内都是由物质构成的。反物质就像物质的一个孪生兄弟，携带相反电荷。在宇宙诞生时，"大爆炸"产生了相同数量的物质和反物质。然而，一旦这对孪生兄弟碰面，它们就会"同归于尽"，并最终转换成能量。不知何故，早期宇宙正反物质湮灭反应后，有少量物质幸存下来，形成我们现在生活的宇宙。而其孪生兄弟反物质却几乎消失得无影无踪。为什么大自然不能一碗水端平，平等对待这对孪生兄弟呢？

正如狄拉克在荣获诺贝尔奖金时所说的，科学家一直有一个普遍朴素理念，在宇宙中正反物质总量应该相等。但是现实宇宙是有物质构成，所存反物质极少。

用科学术语来说,在大自然存在的物质和反物质总量的严重不对称。现在我们无论是用人工制备方法,还是在自然中寻找反物质,目的之一就是如何解释这种严重的不对称。解决难题的线索终于出现了。1964 年,科学家发现某些过程在非常罕有的情况下,CP 对称性(宇称与电荷共轭联合对称)也会遭到破坏。科学家们惊奇地获悉如果我们的宇宙具有 CP 对称性破缺,则可以解释宇宙中物质与反物质比例的不对称问题。CP 对称性破缺一直是各个大高能实验室研究的重点,1999 年 3 月 1 日,美国费米国家实验室宣布,他们测得的 CP 破坏参数为 $10^{-4} \sim 10^{-3}$,与欧洲同仁的一致。这是 CP 研究的重大进展,至少我们可以排除超弱力的存在。这样一来,CP 破坏到底如何产生,谜底至少减少一点不确定性。

CP 对称性有深厚的科学基础,与描述基本粒子和基本相互作用的量子场论原理相关。半个多世纪以来,整个粒子物理学理论始终都是以量子场论为基础的。如果 CP 对称性遭到破坏,这将意味着该理论可能垮掉。新的结果将是建立一个超越粒子物理学标准模型的物理理论的主要线索。幸运地是现有的实验没有发现 CP 对称性破坏的迹象。

CP 定理的重要推论之一,如粒子与反粒子的质量和寿命应该完全相等,而它们的电磁性质(如电荷及内部电磁结构)相反。现代实验表明,中性 K 介子 K^0 与其反粒子的质量在精度 7×10^{-15} 之内是相等的。μ 子与其反粒子的质量在精度 0.5% 之内是相等的,π 介子与其反粒子的寿命在精度(0.0275 ± 0.395)% 之内是相等的,K 介子与其反粒子的寿命在精度(0.045 ± 0.39)% 之内是相等的。现代实验资料以及极高精确度证明 CP 对称性是成立的。这就都是对称的。自然界中许许多多对称性就是世界简单性的反映。但是往往有一些对称性在一定条件下发现失去对称情况,这就是对称性破缺。"破缺"就是自然界复杂性的生动写照。

但是,在更精确地测量时,正反物质其质量寿命等性质,是否完全相同正是 21 世纪物理学面临的重要挑战。最近,在 2010 年希腊雅典召开的中微子研讨会,费米实验室的 MINOS 实验组宣布了一个可能表明中微子与其反粒子之间的重要差别的结果。这一令人惊奇的发现，如果被进一步的实验所证实的话，会有助于物理学家探索物质与反物质之间的某些基本差别。MINOS实验组对粒子加速器产生的中微子束的振荡问题，进行了高精度的测量。在离产生中微子加速器约 7.5 千米的 Soudan 矿井中的探测器测量结果表明，μ子反中微子与τ反中微子的（Δm^2）值为 $3.35 \times 10^3 \mathrm{eV}^2$，比中微子的要小 40%。2006 年费米实验室测量得到上面两种中微子质量本征态之差的平方（Δm^2）为 $2.35 \times 10^3 \mathrm{eV}^2$，这个结果的置信度为 90%~95%。这一结果如果能够得到进一步的证实，将对局域相对论的量子场论和标准模型产生重大影响，但为了证实这一差别不是由于统计涨落误差所造成的，还需要更高的置信度。大自然对于正物质和反物质似乎同样眷顾，两者许多性质相同；但似乎又表现出偏好，两者在宇宙中分布的巨大差异和性质上的可能的微小差异都说明这种微妙的情况。

LHCb（超极强子对撞机里的一个实验组）实验将寻找物质与反物质之间的差异，帮助解释大自然为何如此偏向。此前的实验已经观察到两者之间的些许不同，但迄今为止的研究发现还不足以解释宇宙中的物质和暗物质为何在数量上呈现出明显的不均衡。

我们应当记住 LHC（超极强子对撞机）运行以后，2010 年 3 月，LHC 上的CERN（欧洲粒子中心）的大型强子对撞机上的物理学家首次实现了 7TeV 的质子—质子对撞。11 月 4 日再次铅离子注入对撞机，8 日 11 时 20 分获得铅离子对撞实验稳定条件，让铅离子以接近光速对撞，成功创造了迷你版的"宇宙大爆炸"，产生了一个温度为太阳核心温度 100 万倍的火球（10 万亿度），这意味着产生了夸克—胶子等离子体。根据"宇宙大爆炸"理论，在宇宙大爆炸初期，正是这种夸克—胶子等离子体填满了整个宇宙。这个结果可以用于解释 137 亿万年前宇宙诞生之初的物质形成过程。当然，从严格意义上来说，LHC 没有重现大爆炸，但它确实成功再现了大爆炸发生后极短时间内宇宙小范围的情形。实验将为宇宙的早期演化研究提供新的线索；也为基础理论物理实验研究提供新的途径，包括一些由弦理论提出的观点。

第四章

道始于虚霉，虚霉生宇宙
——暴胀宇宙场景

月有阴晴圆缺,此事古难全——真空自发破缺

我们现在开始介绍暴胀宇宙论。要明白暴胀宇宙论,首先要弄清楚什么是真空的对称自发破缺。因为暴胀宇宙论的关键机制是真空的自发破缺。

什么是真空?就其本意,就是空虚、了无一物的地方。所谓形而上学的绝对空无一物的地方,现代科学技术已证明是不存在的。现代的"真空"概念,实际上就是"系统"的能量最低的状态。

在现代理论物理中,人们用一种奇怪的背景场——希格斯场描写宇宙的能量密度。希格斯场是标量场,这意味着,相应的场量子——希格斯粒子的自旋为零。

在微观世界粒子物理中希格斯机制在构建弱电统一模型中起到了关键作用,在固体物理中(如超导)也有重要意义。希格斯机制的作用在于对称性自发破缺。自发对称破缺的概念最早是南部阳一朗(Nambu)在 1960 年在固体物理的研究中提出来的。"自发对称破缺"(Spontaneous symmetry breaking)这个名字是巴克(M. Barker)和格拉肖在 1962 年发表于《物理评论》上的一篇文章中定的。

物理学家在近 50 年来才逐步认识到所有物质场的基本方程,或者说自然界各种物质形态所遵从的基本动力学规律,从根本上来说,都取决于不同的对称性原理。

对于对称性的自觉的广泛深入地研究,引起物理学的深刻革命。爱因斯坦的超群绝伦的广义相对论,巴丁、施里弗(J. R. Schrieffer)和库柏(N. Cooper)的精妙奥秘的超导理论,以及现代理论物理的主流之一——杨振宁和米尔斯(R. Mills)非阿贝尔规范场理论等等,莫不肇源于某种对称性。

我们已经知道,对称性破坏有两种途径。一种是明显的破缺,比如一个人从鼻梁画一条中轴线,以此线为对称轴,则两边大体是对称的。但是,仔细一瞧就不然了,比如可能左眼稍大一点,就使左右对称产生一点破缺。这是明显的破缺。另一种就是所谓自发破缺(隐藏对称性,hidden symmetry)。

希格斯机制在宇宙学中同样扮演重要角色,希格斯标量场描述宇宙介质,比较铁磁理论,希格斯场相当于磁化强度,希格斯场的"自能"(自相互作用能)即场的势能,这相当于铁磁质量理论中的自由能。

如果我们用希格斯场描述宇宙的背景,则其势能取最小值的状态,就是真空态。此时,"隐藏的对称性"不是转动对称性,而是所谓 U(1)对称性。前者是几何对称性,比较直观。后者是内禀对称性。就没有那么直观了。

U(1)对称性指的是,希格斯场中发生一个相因子变化,

$$\varphi \rightarrow \varphi' = \varphi \exp[\mathrm{i}\theta],$$

其中θ为普通的数,系统的物理状态不变,则称此系统具有 U(1)规范不变性。图 4-1(a)中是无破缺的情况。(b)则是有自发破缺的情况。

就自发破缺的情况而论,有两种可能的真空态(有时可能更多)。这种情况物理学家称作真空简并。由于现实的物理真空只能是一个,因此 U(1)对称性必然遭到破缺。这种情况我们叫真空自发破缺。

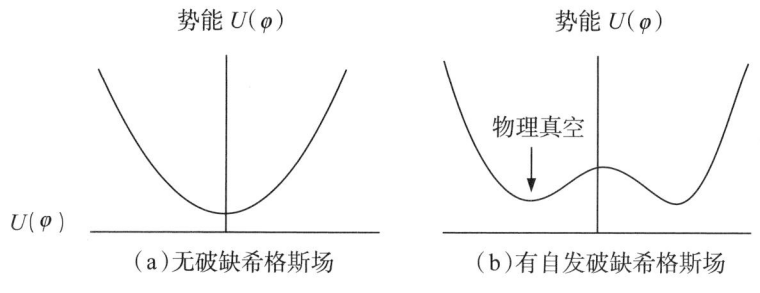

▲ 图 4-1 希格斯场的势能曲线

我们回忆,对称性自发破缺理论,解决了物理学家一直困扰的一个问题。原来,杨振宁、米尔斯在 1954 年提出非阿贝尔规范理论(SU(2))后,人们想,规范对称性要求规范粒子的静质量严格为零,例如,电磁理论中的光子,但是弱相互作用和强相互作用都是短程力(10^{-19} 米~10^{-16} 米),传递它们的粒子不可能为零,因此不可能用规范理论描述它们。

原子按量子论,传递相互作用的粒子(在规范理论中就是规范粒子)的静

质量与相互作用的范围成反比

$$m \propto \frac{1}{\Delta r},$$

由于电磁相互作用是长程力,其力程$\Delta r \sim \infty$,故 $m=0$。

希格斯等人的工作,使人们得以建立一种规范理论,既保持规范不变性,又能使规范粒子获得静质量。只要引入希格斯场,简并基态(真空)的对称性自发破缺,规范粒子可以靠"吃"希格斯粒子而"自肥"——产生静质量。

在规范理论的框架内,将弱相互作用和电磁相互作用统一起来的想法,是施温格(J. Schwinger)和格拉肖(Glashow)早就有的。但是由于规范粒子的质量问题,他们只得望洋兴叹,畏而却步。

自发破缺机制被提出后,1967~1968 年,温伯格(时在麻省理工学院任教)和萨拉姆(时在伦敦帝国学院任教)各自独立建立起弱电统一模型。这个模型取得极大成功。它预言的弱电规范介子 $W^{\pm}$, Z^{0}(质量 80GeV~100GeV)已经发现。这我们在前面已经谈到过。

顺便说说,自从 1986 年柏德洛兹(J. G. Bednorz)和缪勒(K. A. Muller)发现高临界温度超导体以来,世界范围内,超导热方兴未艾。这种材料是陶瓷。其中有两个系列,一种含稀土元素(如 Y-Ba-Cu-O 钇钡铜氧),另一种不含稀土(如含铋等)。其具体机制尚不明了。但所谓库柏对在其中起重大作用则可断言。

早在 1950 年,伦敦(F. London)就指出,超导性是宏观量子现象的一个难得范例。巴丁等人的 BCS 理论对于一般超导性提供了令人信服的理论基础。粗糙地说,BCS 理论大致是,认为超导体中的传导电子与原子晶格的相互作用(电声相互作用)使电子之间产生吸引力,当电子能量很小时,这个吸引力会超过正常的库仑排斥力,从而将电子两两束缚为库柏对(Cooper pairs)。库柏对对于超导性的出现起关键作用。

库柏对中两个电子的自旋方向,一"上"一"下"正好相反,所以从整体上其自旋为零,就是说,是玻色子。其电荷等于 2e(e 为电子电荷)。由于束缚力很弱,一个库柏对的有效尺寸约为 10^{-4} 厘米,这个范围覆盖面很大,大约会与一百万个其他库柏对交迭,这个重迭使得各库柏对之间产生一种强的关联,因此,使得在超导体中的电流,就像一个自由量子力学粒子一样,没有电阻。

从规范理论角度来说,库柏对的作用在于引起规范对称性的自发破缺,亦如前面说的希格斯场。可见对称性自发破缺机制,在物理学的各领域中都起着十分独特的作用。在宇宙学中所谓真空自发破缺,如图 4-1 所示。如果我们宇宙的物理真空处于 4-1(b)图所示地方,则此时真空产生自发破缺。因为如果观察者处于(b)图所示的地方,他会感到希格斯的曲线不对称,但是如果有个客观的观察者,居高临下考察势能曲线,看到的依然是对称的。这就是为什么对称性自发破缺又称为隐藏对称性的原因。

希格斯机制中所预言的希格斯粒子,到底在自然界中存在与否,自然为人们所关注。目前实验物理学家正在紧张地寻找它的踪迹,简言之,在 2012 年,欧洲核子中心的科学家宣布发现这种粒子,但还有待进一步地最后确证。

总而言之,希格斯粒子的存在性,这个问题已基本解决。按一部分人的意见,希格斯机制只是唯象理论,因为,对于严密优美的规范理论来说,自发破缺机制中的任意性还是太多,显得不十分协调。

无论如何,自发破缺理论的提出,给规范理论的发展,注入了强大的动力,尤其是对于宇宙大爆炸的标准模型的进一步修正与发展,增添了新的活力。

火中凤凰,再造青春——暴胀宇宙论

1980 年,居斯提出暴胀宇宙论,这是大爆炸学说的一个重大突破。标准模型暴露出来一些问题:如视界问题,均匀性,平坦性问题,反物质问题以及磁单极子问题等等。在暴胀论中有的问题得到比较圆满地解决,有的看到了解决的可能性。大爆炸标准模型经过"暴胀"烈火地锻炼,凤凰涅槃再造青春,成为当前宇宙学的代表学说。

在暴胀宇宙论中,宇宙真空,宇宙的基本粒子介质,用一个等效的希格斯势能描写,如图 4-2 所示。暴胀宇宙论发展很快,我们在此仅介绍两种基本模型。实际上 1983 年夏天,林德又提出混沌暴胀论(the chaotic inflationary theory),1989 年拉(D. La)和斯忒哈德则提出扩充暴胀宇宙论(the Extended inflationary cosmology),进一步发展和完善暴胀宇宙论。总而言之,作为大爆炸学说的目前最成功的代表,它标志着宇宙学发展的新阶段,各方面都取得令人瞩目的成果,可以说是令人赞叹的雄浑创世记的交响乐,令人击节称赏。当然,由此也引发更深层次的问题。宇宙学的发展,物质始源的探索,新的动力有赖于极微世界的捷报!

在大爆炸后 10^{-43} 秒~10^{-34} 秒这段时期,暴胀宇宙所揭示的宇宙演化场景,与标准模型完全一致。宇宙介质相应的希格斯位势如图 4-2(a)所示。此时宇宙介质处于对称相,真空具有完整的对称性,宇宙的范围跟标准模型一样,以 $\sqrt{t}$(t 为宇宙寿命)的规律膨胀。

到了 10^{-34} 秒左右,宇宙介质温度降到 10^{28}K。此时等效希格斯位势如图 4-2(b)所示,呈现 W 形,真空已处于破缺,出现能量相同的两个真空——对称真空和对称破缺的真空。

对称真空处于 $\varphi = 0$ 处,宇宙此时实际上处于这个真空,我们称为物理真空。$\varphi = \sigma$ 所对应的真空,叫做对称破缺真空。两真空间横亘着势垒,就是说要由物理真空过渡到对称破缺真空,要消耗能量克复势垒。

$T \approx 10^{28}$K 时对称自发破缺发生。此时两真空能量相等,这个温度叫做自发破缺相变的临界温度。

随着宇宙的膨胀,宇宙介质的温度继续下降,对称真空的能量渐渐高于对称破缺真空的能量,横亘其间的势垒变得又高又宽。从热力学观点来看,对称真空是亚稳态,而对称破缺真空由于能量较低,是稳定状态。如果没有势垒隔着,宇宙应自发地过渡到破缺真空。

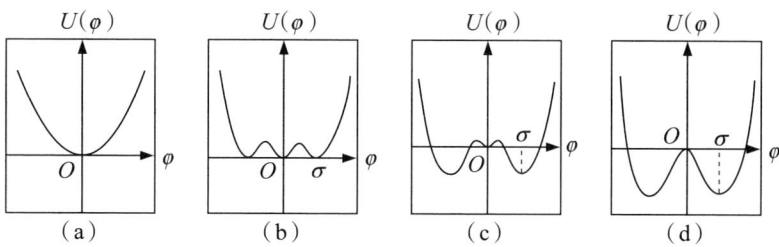

（a）T>>Tc：φ =0 是能量最低态,它是对称真空。
（b）T=Tc：φ =0 的对称真定与φ =δ的对称破缺真空能量相等。
（c）T<<Tc：φ =δ 是能最低态,它是对称破缺真空。φ =0 的对称真空是亚稳状态。
（d）T=0：φ =0 的对称真空是不稳态,φ =δ 的对称破缺真空才是物理的真空。

▲ 图 4-2 宇宙介质的希格斯场随温度的演变

但是,这种现象并未马上发生。原因在于有势垒,而且从经典力学的观点来看,这种过渡完全不可能。我们设想,一个人掉到三四米深且四壁光滑的井中,即令井外就是比井底更深的凹地,他能跳出来吗?

在量子理论中,或小宇宙中,情况就不同了。由于场的量子起伏,或粒子的波粒二象性,会有一些宇宙介质在局部空间通过所谓隧道效应,穿过能量势垒,过渡到对称性破缺的真空,凝聚为若干破缺相的气泡。只有在开始时,由于势垒又高又宽,隧道效应比较小,微不足道。

这种情况有点像神话小说"封神榜"的一则故事。有一个个儿不高,神通广大的神人,叫土行孙,他会"土遁",就是能像穿山甲一样,破土穿山。但是如果他穿过的山峦既高峻又庞大,大概也不是轻而易举的吧。

对称真空的能量密度很高,高达每立方厘米 10^{100} 尔格。能量越高,状态越不稳定,所以对称真空又称假真空（false vacuum）。由于有势垒阻隔,隧道效应引起的对称自发破缺的相变进行得极为缓慢,假真空可以存在一段时间,所以它是一个亚稳定状态。

温度从 10^{28}K 下降到 10^{27}K,宇宙介质暂处于假真空,能量密度仍然高于 10^{95} 尔格/厘米^3,是一个原子核的能量密度的 10^{59} 倍。此时破缺真空的能量已经低于假真空的很多了,出现所谓过冷现象,过冷温度有可能达到 10^{23}K。

过冷现象在凝聚态物理中十分普遍。例如,如果快速冷却水,我们可以

得到冰点下 20 多摄氏度的过冷水。

这时对称真空与破缺真空之间的势垒已经又低又窄,加上两真空的能量差已经很大,破缺真空能量低,所以是不稳定状态,又称真实真空。隧道效应,或量子起伏现象开始迅速和剧烈地进行。

按哈佛大学的柯勒曼(S. R. Coleman)的说法,此时宇宙介质(希格斯场)借助于隧道效应,随机地穿过势垒在对称破缺的真空中,集核形成破缺相的"气泡"(bubbles)。相变进行很快,气泡以接近于光速的速率急剧膨胀。

由于假真空能量密度较高,在相变——气泡形成时,有大量假真空的能量(潜能)释放出来。相变后处于对称破缺相的"泡"就是在潜能的驱动下逐渐扩大的。

至于尚未相变而处于过冷对称相的背景部分则以指数规律膨胀。这个背景部分我们称为区域。膨胀的机制可作如下定性说明:

由于假真空能量密度较高,真实真空能量密度较低,气泡扩大。这从力学观念来说,就是由于真实真空的压力大于假真空的压力。一般认为,真实真空的压力为零,故假真空有"负压力"。进一步地研究表明,这个负压力值等于能量密度的数值。

区域中气体的膨胀,由于气体介质彼此间具有的吸引力不断延缓。我们记得,在广义相对论中,

吸引力 ≈ 能量密度 + 3 × 压力(负号).

由于对假真空,压力的贡献超过能量密度的贡献(事实上,对于深度过冷的宇宙介质,物质场的能量密度确可稀释到可忽视的程度,而以真空能为主),压力产生于真空能。因而,对于假真空,非但没有吸引力延缓其膨胀,而且有一个负压力加速其膨胀。

定量来说,此时区域的膨胀规律是,宇宙范围 R 按指数规律膨胀,即

$$R = R_0 \exp[Ht],$$

式中 R_0 为相变时宇宙的范围,H 为哈勃常数,此时

$$H \equiv \sqrt{\frac{8\pi G}{3} U(0)} \approx 10^{-84} (U(0)为真空能),$$

G 为万有引力常数。从此式清楚看出,如果相变由 10^{-34} 秒开始,10^{-32} 秒结束,则

$$R \approx R_0 \cdot e^{100} \approx 10^{43} \cdot R_0,$$

就是说,区域要扩大 10^{129} 倍,这真是可怕的膨胀!难怪人们称这个阶段为暴胀阶段。

一般人设想,对称破缺的泡最后会充满区域各处,发生合并,泡壁破裂所放出的潜能重新加热宇宙,相变宣告结束。潜能释放,在水凝结为冰时也会看到。此时巨大的潜能使宇宙介质重新加热,几乎又达到相变开始时的温度,即 10^{27}K。

实际上,相变过程可能稍长于 10^{-32} 秒,因此,区域膨胀至少使其线度增加 10^{50} 倍,这就是暴胀模型得名的由来。宇宙演化的这一个阶段,按术语又称处于德西特(de Sitter)相。

这个时候暴胀停止,区域将继续地膨胀,但速率慢下来了,又恢复到以原来的 $R \approx \sqrt{t}$ 的"标准速率"膨胀了。观测的宇宙就完全处在这样一个区域内。

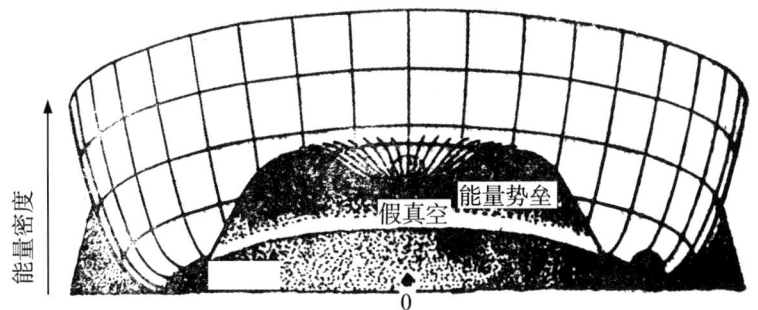

▲ 图 4-3 真实真空与假真空的能量密度曲线

从上面的描述看来,暴胀宇宙论的主要特点是,宇宙在 10^{-34} 秒开始有一个暴胀阶段,延续时间不长,不过 10^{-32} 秒或稍长一点,但宇宙的范围却一下子暴胀了 10^{50} 倍以上!而按标准模型,在这一段时间,宇宙的尺度最多只会膨胀 10 倍而已。

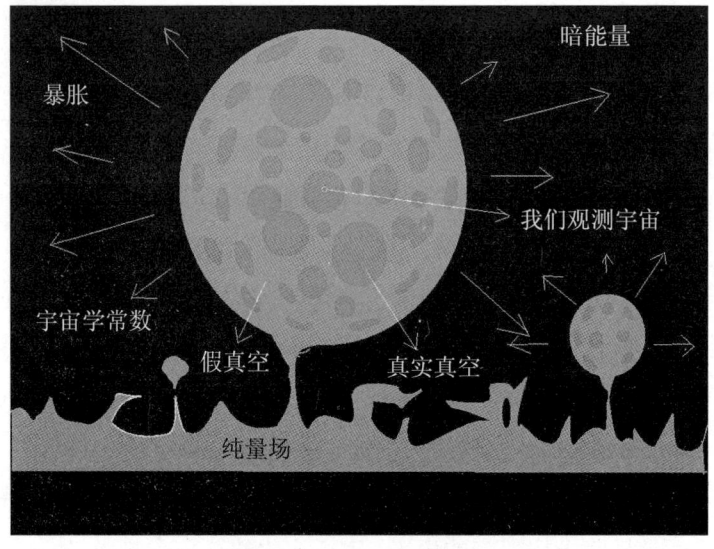

▲ 图4-4　暴胀宇宙示意图

　　还应提及的一点是，我们在此提出一个比"宇宙"这个概念范围更大、外延更广的概念"区域"。实际上意味着我们将讨论的对象，已由"空泛的宇宙"转到"我们观测的宇宙"。这点似乎是无关紧要的"改变"，其实关涉到认识论上的一些重大争论。以后我们还要回到这个问题上来。在图4-4中黑色背景表示暗能量（宇宙学常数），球状中的斑点表示观察宇宙，图下亮色部分表示希格斯标量场，其中存在假真空，也有真真空。

　　用居斯和斯忒哈特在1986年的话，形象地总结暴胀宇宙论的独特地方就是，认为观测宇宙镶嵌在一个大得多的空间区域内，该空间区域在大爆炸后的瞬息之间经历了一个异乎寻常的暴胀阶段。

　　由于有了"异乎寻常的暴胀阶段"，标准模型原来存在的视界问题和均匀性问题就可迎刃而解了。

　　标准模型和暴胀论都认为，大爆炸后 10^{-32} 秒，宇宙的尺度约为10厘米。由此逆推到 10^{-35} 秒~10^{-34} 秒，按标准模型，宇宙的尺寸为1厘米，而按暴胀论，则不过 10^{-49} 厘米。我们记得，这个时候，视界半径是 10^{-24} 厘米。就是说，宇宙的尺度大大小于视界。

这样一来，观测宇宙自"诞生"之刻起，其中各个部分都有因果联系。就是说，今日的宇宙自"诞生"起，完全有充分时间使其各部分均一化，达到一个共同温度，处于热平衡状态。

由于暴胀是在一个很小的均匀的范围内开始的，所以不难理解今日的微波背景辐射何以如此各向同性，何以如此均匀。因为，在天空中各个角落传来的背景辐射，它们的"源"原来都拥拥挤挤地聚集在一起，有着极密切地相互作用和相互影响。

这样一来，视界问题或均匀性问题就自然不成其问题了。

对暴胀宇宙论，平坦性问题也一笔勾销。事实上，由于有一个爆炸阶段，不管在暴胀前宇宙的平坦度 Ω 为多少，它都会很快趋于 1。这一点极易理解。设想有一弹性极好的气球，如果不断迅速、急剧地充气，气球迅速膨胀，其表面会变得越来越平坦，越来越光滑。这就取消了原来对爆炸之初的宇宙 Ω 必须严格等于 1 的要求。

因此，暴胀论有一个直接推论，或者也可以说一个预言，即今天宇宙的平坦度 $\Omega = 1$。我们曾经说过，对于观测值，目前认为

$$0.1 < \Omega < 2,$$

这个预言在这个范围之内，就是说，预言与观测并不矛盾。看来，对 Ω 值作更可靠地测定，将是对暴胀宇宙论的一个严峻考验。

由此可见，对于暴胀宇宙论，平坦性不仅不成为问题，反倒成为支持该理论的重要依据之一。

居斯的暴胀宇宙论问世伊始，立即以其"迷人的风姿"风靡学界，吸引着人们。然而，即令是绝代佳人，也不免美玉微瑕。人们仔细考究，发现暴胀模型着实缺点不少呢！暴胀宇宙论并不能提供一个现实的宇宙演化理论。

首先，暴胀固然可消除原来对于宇宙极早期必须是严格平坦的假设，但却要求今日宇宙必然是严格平坦。目前固然有一部分天文学家相信事情的确如此，但大部分人仍然心存疑虑，并不相信。严格平坦，意味着我们的宇宙是一个平直空间，会永远膨胀，但膨胀率接近于零。因此，平坦性问题并未完

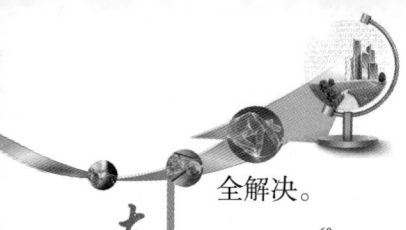

全解决。

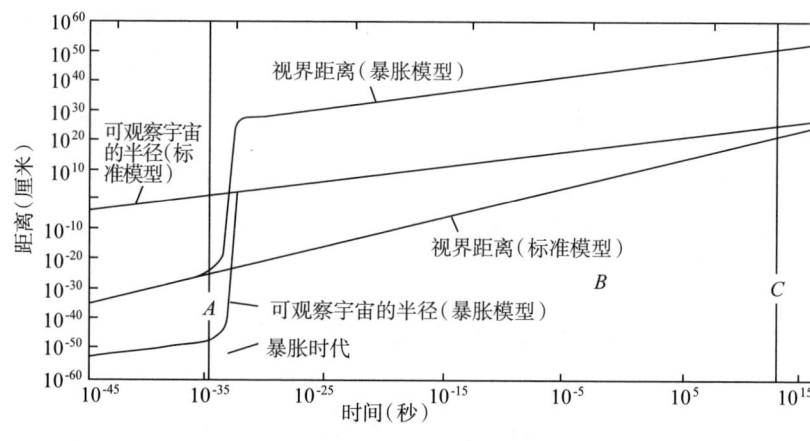

▲ 图 4-5 暴胀宇宙的演化与视界

　　其次，更严重的问题在相变中。其中有两个问题。其一，正如居斯、温伯格在 1983 年指出的，背景区域膨胀太快，是以指数律暴胀，而破缺相的气泡膨胀太慢，是以 $\bar{R} \approx t^{\frac{1}{2}}$ 的规律膨胀。因而，这些"泡泡"团，非但不会像人们预计的那样，并合在一起，充满整个区域，反而会越来越稀疏地分散在背景区域。这样，对称破缺的相变何日终结？相变不会终结，上述宇宙的演化岂非痴人说梦，凭空编造么？其二，对称破缺的"汽"仍系杂乱无章地随机集核产生的。气泡都是处于彼此分离的团（Clusters）中，每个团由团中最大的泡所支配。团内所有的能量，几乎全部集中在最大的泡的表面上。在泡泡并合时，泡壁会释放巨大的潜能，从而引起宇宙结构的巨大不均匀性。换句话说，出现了更为严重的均匀性问题。

　　我们本来以为，在探索宇宙起源的漫长征途中，已经看到曙光，谁知迎接我们的，又是一片阴霾和迷雾。真是"路漫漫其修远兮"！

踏遍青山人未老,风景这边独好
——新暴胀宇宙论一览

鉴于旧暴胀宇宙论的一些严重缺陷,苏联学者林德、美国宾夕法尼亚大学的奥尔布莱希德(A. Albrecht)和斯忒哈特两个研究组,各自独立地提出新暴胀宇宙论。这种理论保持原来模型中所有成功之处,却几乎避免它的所有问题。在攀登探索宇宙之源的险峻山峰中,我们又越过一座峻岭。真是"踏遍青山人未老,风景这边独好"!

新暴胀宇宙论的显著特点是,采用所谓相变慢滚动机制。假真空处于相当平坦位势顶面上,其周围不存在与真实真空阻隔的势垒。类似的希格斯势能曲线是哈佛大学的柯勒曼和温伯格早在 1973 年就采用过的。大致演化过程如图 4-6 所示。

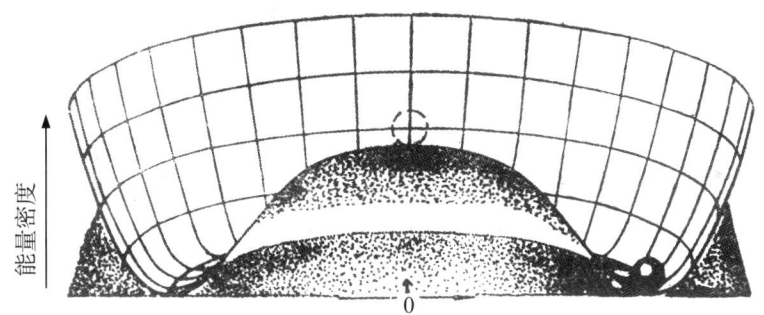

▲ 图 4-6　新暴胀宇宙论的能量密度曲线

随着宇宙的膨胀,宇宙介质温度下降,甚至低于相变温度 T_c,此时理应发生真空自发破缺。但是,冷却速度大大高于相变速度,跟旧暴胀论的情况一样,宇宙的介质大都过冷到相变温度以下,直到 10^{21}K 左右,对称性仍未破缺。

能量密度曲线在希格斯场为零值(假真空)附近是颇为平坦的,所以尽管由于量子起伏和势起伏,介质所处区域会偏离假真空,希格斯场会逐渐增加,开始由对称相向破缺相的真实真空的相变,但是相变进行极为缓慢。

这种情况，就像一个小球处于类似于这种能量密度曲线形状的平缓山坡，自然滚动缓慢。所以人们称这种相变机制叫做缓慢滚动机制。宇宙的早期阶段，能量密度曲线几乎不变，同时，"区域"则不断暴胀，大约每隔 10^{-34} 秒，其尺度就增加一倍。

当希格斯场到达曲线较陡的部分，膨胀会停止暴胀，变成正常膨胀。此时，区域膨胀到暴胀前的 10^{50} 倍以上，可达到 10^{26} 厘米以上。此时我们观测宇宙的尺度不过 10 厘米，只是区域的"沧海之一粟"罢了。暴胀前视界与区域的尺度大体相等，约为 10^{-24} 厘米。这样自然性问题就避免了。

暴胀以后，粒子的密度稀释到几乎为零的程度，所以区域内的能量大体就等于希格斯势能（真空能）。当希格斯场到达曲线凹部，它就会在真实真空值附近迅速振荡起来，形成了希格斯粒子的高密度态。希格斯粒子不稳定，很快衰变为更轻的粒子。于是，区域就变成处于热平衡的基本粒子的热气体。在这个时期，希格斯场释放大量潜能，重新加热宇宙，宇宙的温度大概会重新上升到相变温度的 $\frac{1}{2} \sim \frac{1}{10}$。人们称宇宙介质在这个重新加热时期处于振荡相。宇宙温度又达到约 10^{28}K。

表 4-1 新暴胀宇宙论的概况一览表

温度	时间	场论	宇宙学
∞	0		
10^{32}K（10^{19}GeV）	10^{-43} 秒（普朗克时间）	量子引力	
10^{28}K（10^{15}GeV）	10^{-35} 秒~10^{-34} 秒	真实真空$\varphi=0$ 大统一理论	$R(t) \approx \sqrt{t}$ （标准模型）
10^{21}K	10^{-34} 秒~10^{-33} 秒	慢滚动相（暴胀）加速相（暴胀）振荡相	$R(t) \approx e^{Ht}$ 德西特时期 $R(t) \approx e^{Ht}$ 德西特时期 重加热时期
10^{27}~10^{28}K	10^{-32} 秒	真实真空$\varphi = 0$ （对称破缺）	$R(t) \approx \sqrt{t}$ 标准模型

以后宇宙的演化就跟标准模型描绘的一致。新暴胀模型极早期宇宙演化情况可归纳如上页表。

这里叙述的相变过程过于简单化了。实际上，也许存在许多种希格斯场，因此，可能存在许多不同的对称破缺态，正如在晶体中晶轴有许多可能的取向一样。每种对称破缺态由一种取非零值的希格斯场确定。

随机的热起伏和量子起伏使希格斯场随机地达到非零值。"原始宇宙"（注意：不同于我们观测宇宙）的各个"区域"分别进入不同的对称破缺态，或者说，处于不同的真空态中。这就是说，原始宇宙有许多不同的真空状态存在。我们所处的观测宇宙是镶嵌在其中一个区域中。

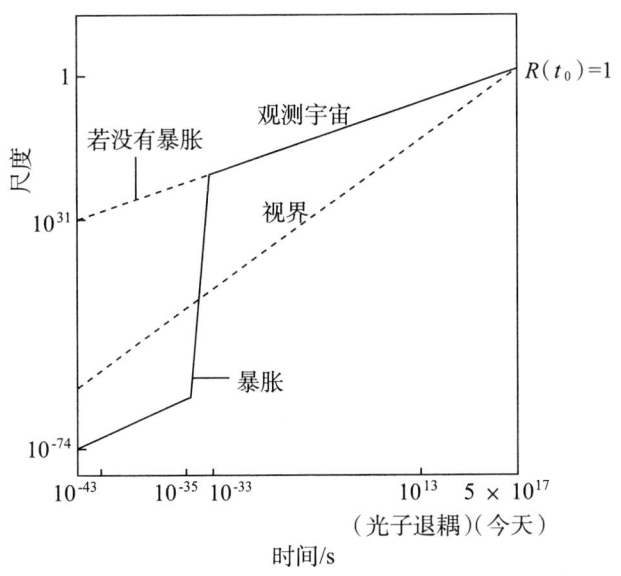

▲ 图 4-7　暴胀对尺度的影响

图 4-7 表示暴胀对于宇宙尺度演化的影响，其中纵坐标表示尺度因子的对数，其中标度 1 即为今天宇宙的尺度，横坐标表示宇宙演化的时间。图中的实线画的是暴胀模型的演化曲线，而虚线则代表没有暴胀的标准模型，在图中暴胀从大爆炸后 10^{-35} 秒开始，持续了 10^{-33} 秒。宇宙的尺度的对数增加了 43 倍，即宇宙尺度增加了 10^{43} 倍，大致相当 e^{100} 倍。我们注意到，图中视界的

直线在暴胀以后就处于演化曲线的下方。实际上,暴胀宇宙中温度的演化也有其特点,图4-8就是表示暴胀对温度的影响。其中纵坐标表示宇宙的温度,我们可以清楚地看到在相变前地暴胀中,因真空处于过冷态,宇宙气体的温度骤然下降。当真空相变完成时,释放出相变潜热,使气体重新加热,其温度重新回到相变前的温度附近。除相变区外,宇宙温度的演化跟经典标准模型相同。

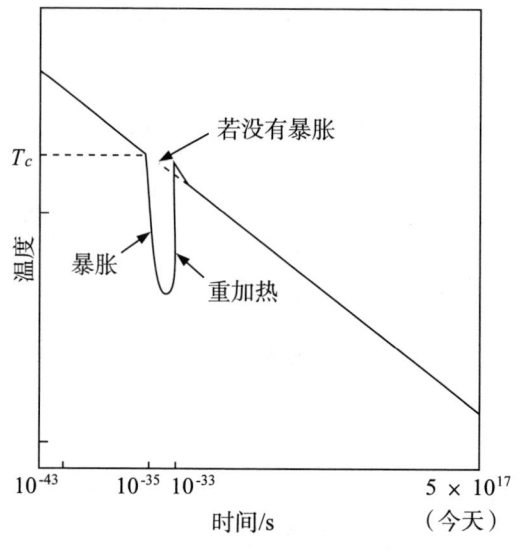

▲ 图4-8 暴胀对温度的影响

我们再来分析新暴胀模型有何特点,从而看看它是如何避免原来理论存在的问题的。

第一,旧暴胀论中处于对称破缺的单个气泡,现在代之以"区域"。慢滚动转变的区域,被其他区域所包围,而不是被假真空所包围。区域本身没有变为球形的趋势,故不采用气泡这个术语。每个区域在相变的慢滚动阶段,都在暴胀,原则上都可以形成一个巨大的性质均一的空间,其中装下我们的观察宇宙绰绰有余。

由此可见,原来理论中由于泡膨胀慢而不会并合,因而相变不会终结的矛盾不存在了。视界问题和均匀性问题也避免了。

第二,当温度降到10^{21}K,宇宙介质处于的过冷对称相,从亚稳态变成了不稳定态。相变由这个温度真正开始,自此以后,希格斯场在接近于不变的位势曲线上,慢慢滑行,同时,区域指数般地暴胀。

一句话,暴胀是与相变进行同时完成的。

第三,宇宙介质进入振荡相后,很快进入$\varphi=\sigma$(某常数值)对称破缺的相,从而使相变完成。与此同时,相变潜热的大量释放,使宇宙重新加热到$T_e\approx10^{28}$K。希格斯场(粒子)辐射(衰变),在宇宙中形成基本粒子的热气体。

一句话,再加热时期使宇宙重新达到使重子数不对称发生的相变温度。

下面我们来看,在新暴胀宇宙中,磁单极子问题、反物质问题和"泡壁"破裂所引起的均匀性问题,是如何得到解决的。

先看反物质问题。在再加热阶段后,宇宙介质的温度接近统一理论(GUT)的相变温度T_c。大统一理论最激动人心,同时也引起争论最多的预言,莫过于重子数不守恒。通俗地说,就是认为像质子一类,原来认为是绝对稳定的粒子,其实是迟早要衰变的。

质子衰变的根本原因,大统一理论认为是夸克会衰变为轻子。如下夸克d就会衰变为电子和一种大统一理论中特有的超重规范粒子X($m_x\approx10^{14}$GeV)

$$d\to e^-+X,$$

从而使质子会衰变为一个正电子加上一个介子,即

$$质子\to e^++M.$$

这样,即令在大爆炸开始,比如说,正、负物质(正、反粒子)是相等的,此时,超高能碰撞产生的超重X规范介子与其反粒子$\overline{X}$数目相等,如图4-9(a)所示。在此以后,温度已下降,不能再产生X和$\overline{X}$粒子了。

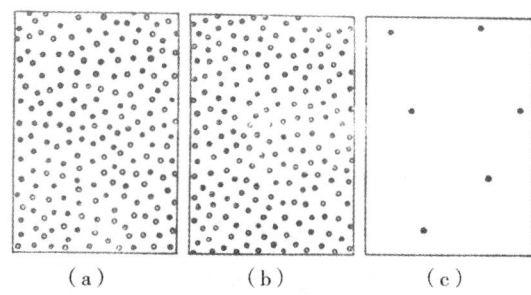

（a）　　　　　（b）　　　　　（c）

（a）开始时，重子（●）与反重子（●）数目相等
（b）10^{-32}秒～10^{-4}秒，重子数略多于反重子10^{-9}
（c）10^{-3}秒到现在，宇宙余下10亿分之一的重子。

▲ 图4-9　观测宇宙物质与反物质不对称性的产生

在 10^{-32} 秒，温度重新加热到 10^{-28}K。从 10^{-32} 到 10^{-4} 秒，X粒子衰变为质量较小的粒子，从而造成宇宙中物质(重子)略多于反物质(反重子)的所谓不对称性。并且在"原则上"，可以定量给出不对称性约为 10^{-9}。

这就是说，在每10亿对重子与反重子对中，大概只剩下一个没有配对"反重子"伙伴的重子剩余出来。

自此以后，这种轻微的不对称性就被永锁在膨胀的宇宙中。但配对的重子和反重子，在宇宙温度降到 10^{18}K 左右，将成对湮灭，只有过剩的重子留存下来。我们的宇宙，所有的星系、星系团、星系际物质，乃至于人类的摇篮——地球，我们人类本身，都是由这点点不对称性所产生的。

在此需要说明的是，1967 年，苏联的萨哈洛夫指出，从重子——反重子对称的宇宙，演化为重子数不(守恒)对称的宇宙所需的三个因素是：

（1）存在改变重子数的作用；

（2）电荷共轭 C 与宇称 P 的组合 CP

▲ 图4-10　安德烈·萨哈洛夫

都不守恒;

（3）存在对热平衡的偏离。

简单的大统一理论,已预言重子数不守恒过程如质子衰变,满足条件（1）不成问题。

至于条件（2）,早在 1964 年,克朗宁（J. W. Cronin）和费奇（V. L. Fitch）在长寿命的 K 介质子的衰变过程中,发现 CP 和 C 不守恒,所以条件（2）是可能满足的。克朗宁由于这个发现,在 33 年后,即 1987 年获得诺贝尔物理学奖。

至于第（3）个条件,是 X 和 $\overline{X}$ 自由衰变所必需的。实际上只要 X 的衰变速率与宇宙膨胀的速率相等,温度低于 10^{18}K 就可以了。这个条件当然也可以满足。

在暴胀宇宙的框架中,确实给出物质与反物质不对称一个合理、自然的解释。但是要作出定量地描述,得到 10^{-9} 这个数据,目前理论的结果尚不够明确、肯定。斯拉姆（D. N. Schramm）在 1983 年对这个问题进行过细致分析。无论如何,反物质问题解决,已出现曙光。

有趣的是,大统一的力造成我们这个世界的物质与反物质的不对称,创造了我们这个世界。但是,也正是它正在驱使我们世界毁灭。

不要忘记,我们这个绚丽多彩的宇宙,都是由原子构成,原子又是由质子、中子和电子构成。大统一理论预言,质子要衰变,必然导致原子解体,使世界化为乌有。

当然,我们在震惊之余,不必恐慌。质子固然不稳定,但寿命看来至少在 10^{31} 年以上。我们宇宙的年龄迄今不到 10^{10} 而已,质子的寿命比宇宙的年龄还要长一万亿亿倍!

我们不禁想起,法国哲人康德 1775 年在其名著《宇宙发展史概论》中有一段精彩地论述:"这个大自然的火凤凰之所以自焚,就是为了要从它的灰烬中恢复青春得到重生。"

据说,火凤凰是阿拉伯神话中的异鸟,生活于阿拉伯半岛的大沙漠中,它寿命极长,往往几百岁而不死。它们临终之时,栖居于香木构成的巢之中,自

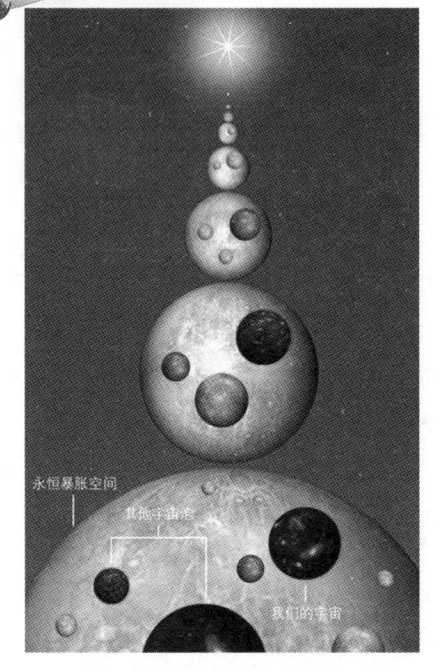

永恒暴胀空间

其他宇宙泡

我们的宇宙

▲ 图 4-11　暴胀宇宙

焚而死。然而，死去的神鸟在灰烬中又神奇地复活，使青春得到重生。我们的宇宙，在某种意义上也是一只火凤凰啊！

再来看看，新暴胀模型是如何巧妙地避开磁单极子问题，以及在旧暴胀模型中由"泡泡"壁破裂引起的不均匀问题。

我们讲过，在新暴胀宇宙论中，"原始宇宙"划割为许多区域。每个区域都具有特定的真实真空，或者说特殊的对称破缺相。如同在晶体中，一个晶轴有许多可能的取向。可以认为，液体分子的"取向"是转动对称的，但一旦凝结为晶体时，分子便沿着其本身的结晶轴方向作有序排列，转动对称性发生破缺。所谓特定破缺相，相当于此处分子沿一个特定方向排列。宇宙中存在多种希格斯场，当它们取非零值时，便形成不同"取向"的对称破缺相。

我们所处的宇宙，处于其中一个区域的一隅。区域的范围大约比我们观测宇宙大 10^{25} 倍。我们观测的宇宙的尺度，现在约为 2×10^{10} 光年。而我们所在的区域的边缘却远在 2×10^{35} 光年的地方。不过我们还需记住，我们的视界却跟宇宙尺度大体相等。就是说，在我们所在的区域，除观测宇宙外其他的地方，跟我们没有任何因果关系，其中任何信息，我们永远不会察觉到。

各个区域之间，由所谓区域壁隔开。每堵壁的内部都是大统一理论的对称相。质子和中子穿过这样一堵壁就会衰变。相邻的区域，由于区域壁有随时间逐渐变直的趋势，可以平滑地进行并合。在约 10^{35} 年以后，较小的区域（也可能包括我们所在的区域）将会消失，大的区域会变得更大。

这里所说的区域，除了没有球形化的趋势，跟旧暴胀论的"泡"实际上别无二致。但在旧暴胀论中，我们观测的宇宙中有许多泡，而新理论中，观测宇宙只不过是一个区域中的微不足道的小角落而已。

区域壁是原始宇宙结构的面状缺陷,磁单极子则是结构的点状缺陷。在每一个区域的内部,结构是基本均匀的,是没有缺陷的。人们只有在区域交界的地方,偶然发现一个磁单极子(点缺陷),发现物质密度和速率的不连续性。

由于区域是这样广大,而我们观测的宇宙相形之下又是如此渺小,无怪乎我们找不到磁单极子。在我们宇宙中,存在磁单极子的几率只不过是 10^{-25}。

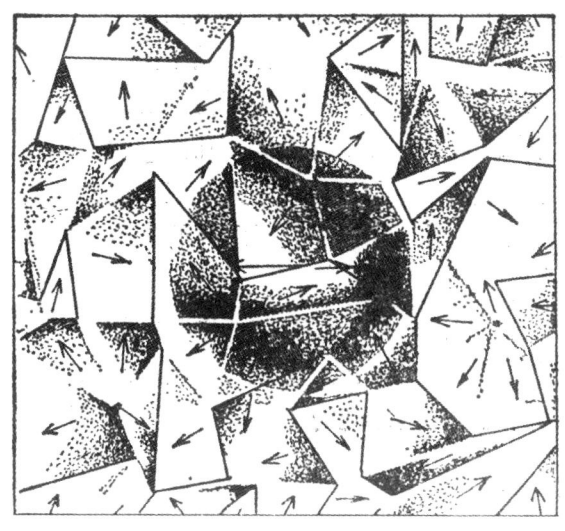

▲ 图 4-12　新暴胀宇宙中原始宇宙区域蜂窝状结构

既然区域内部是一个无比广阔的均匀空间,我们观测的宇宙怎样会发现在旧理论中"泡泡"壁破裂所造成的各种不均匀性呢?

到目前为止,标准模型中的许多难题:视界问题、平坦性问题、均匀性问题、反物质问题以及磁单极子问题等,在新暴胀宇宙论中似乎都已冰消瓦解,一切都顺利异常,其乃是"春风得意马蹄疾"。

对于大爆炸伊始的种种状况,或者文绉绉地说,对于宇宙演化的初始条件,尽管我们知之甚少,可是使我们十分满意的地方就是,在暴胀宇宙论中,宇宙演化的规律,以及演化到今天宇宙的样子,居然跟这些条件没有什么关系。

当然,遗憾的是,暴胀宇宙论的彩笔,给我们描绘的原始宇宙的无与伦比

的壮丽结构,不管是多么神奇、多么诱人、多么令人信服,看来我们永远无法证实。对于在因果关系之外的一切,叫我们怎么理解呢?

我们要问:除了这点小小遗憾之外,宇宙之谜是否大体揭晓了呢? 用霍金的话说,"理论物理学是否已达到它的终结呢"?

大鹏一日同风起,扶摇直上九万里
——哈勃望远镜及其他

我们在回顾宇宙学近年来蓬勃发展的时候,一方面要感谢理论物理学家坚持不懈地努力,从爱因斯坦、伽莫夫一直到霍金等,天才的理论探索;另一方面决不能忘记上述的所有成果都是建立在丰富确凿的实验观察基础上。新世纪前后 COBE、WMAP 探测卫星,尤其是哈勃天文望远镜给我们提供大量生动确实的天文观测资料。其总量可以说超过有史以来天文观测资料的许多倍,因而,使得我们的宇宙学发展建立在坚实的实验基础上。

▲ 图 4-13 约翰·马瑟(左图)和乔治·斯穆特(右图)

我们首先介绍 COBE 卫星项目及其取得的巨大成果。领导该项目的约翰·马瑟(John C. Mather)和乔治·斯穆特因发现了宇宙微波背景辐射的黑体形式和各向异性共同获得 2006 年诺贝尔物理学奖。

　　1974年，美国国家航空航天局(NASA)戈达德航天中心的高级天体物理学家约翰·马瑟等建议美国宇航局实施COBE卫星项目，并领导形成了1000多人的庞大研究团队。在这个项目中，马瑟是卫星远红外线绝对光度计的负责人，他在揭示宇宙微波背景辐射的黑体形式的实验中承担主要工作；斯穆特是另一决定性设备的负责人，负责探寻微波背景辐射在不同方向的微小温差。

　　我们已经知道在宇宙大爆炸后30万年~40万年，遗留了一个微波背景辐射作为大爆炸的"余烬"，均匀地分布于宇宙空间。测量宇宙中的微波背景辐射，可以"回望"宇宙的"婴儿时代"场景，并了解宇宙中恒星和星系的形成过程。1964年，彭齐斯等人发现微波背景辐射的存在的迹象，并获得诺贝尔物理学奖。但是由于其测量工作一开始都是在地面上展开，进展十分缓慢。严格地说，微波背景辐射的坚实实验证据，一直有待确认。原因是在20世纪开始普朗克预言，所有黑体都会辐射电磁波，并且不同的等效温度都会对应于确定的辐射特性谱，大爆炸理论曾预测，微波背景辐射应该具有黑体辐射特性，而彭齐斯等人只是找到了黑体辐射谱曲线中的几点，因而微波背景辐射一直未能得到地面观测结果的确认。

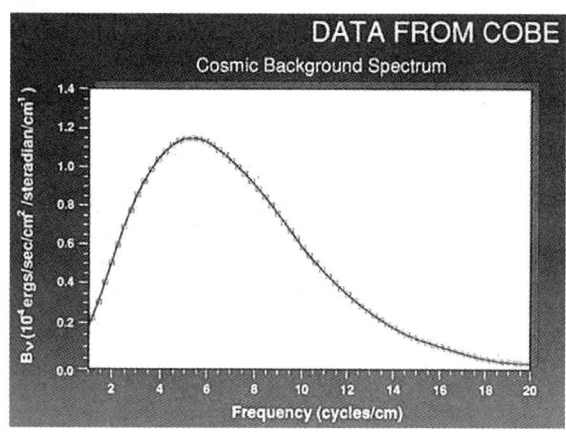

▲ 图4-14　COBE观测的微波背景辐射谱

　　经过长期的努力之后，1989年11月18日，COBE卫星终于被送入太空。1990年1月，约翰·马瑟在一个会议中展示了COBE探测到的黑体辐射光谱曲线，这条曲线最终被证明完全符合黑体辐射特征，它的波长对应于绝对温度 2.7 度（零下 270.46 摄氏度）的光谱。马瑟等人探测结果如图 4-14 所示。图中横坐标是微波频率，纵坐标是能量密度。观察数据与绝对温度 2.7 度黑体辐射谱完全吻合。这也是人类第一次用实验验证了黑体辐射的理论曲线。因为黑体辐射在当初提出来时完全是一个理想的理论模型，在我们的现实生活中，找不到一个绝对黑体。这就告诉我们宇宙大爆炸后 30 万年~40 万年对于微波辐射确实是一个理想黑体。

在分析了 COBE 的数据之后，斯穆特发现了宇宙微波背景辐射的各向异性。1992 年，他向世界宣布，他发现了"涟波辐射"：宇宙微波背景辐射温差为十万分之几，这表明宇宙早期存在微波的不均匀性，大爆炸之后的各向异性作用于星系的发展，使人们因此而有可能明白地了解像星系、星体这样的结构是如何从各向均匀的大爆炸中产生的。这是迄今为止大爆炸最强有力的证据。斯穆特等人的观察结果如图 4-15 和 4-16 所示。

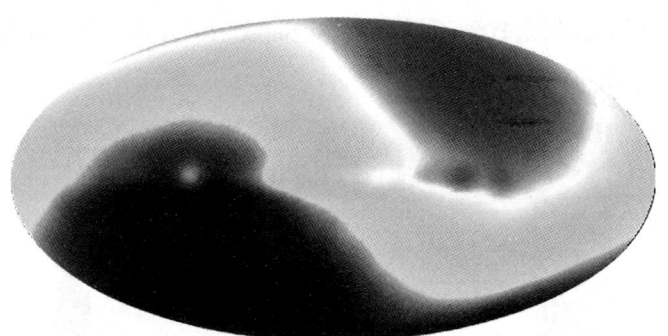

▲ 图 4-15　微波背景辐射的各向异性

在图 4-15 中，微波背景辐射显示出各向异性，朝向太阳运动的方向与背向的温度分别变化 10^{-3}。图中下部阴影表示 2.724K，上部阴影表示 2.732K。在 1964 年人们初次探测到微波背景辐射时，认为是各向同性的，原因是当时探测的精度不够。现在的探测精度大大提高，才有这种幅度很小的各向异性的发现。

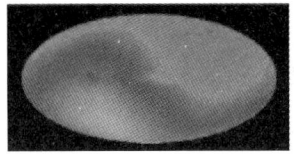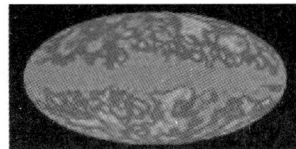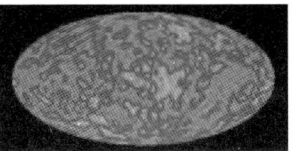

▲ 图 4-16 微波背景辐射的涨落

所谓微波背景辐射的偶极不对称,来自于太阳运动多普勒效应对背景辐射的影响。有此效应可以测定太阳以 400 km/s 速度向为狮子座(Leo)方向运动。图 4-16 显示,扣除微波背景辐射的偶极不对称和银河系尘埃辐射的影响后,微波背景辐射表现出大小为十万分之一的温度变化,这种细微的温度变化表明宇宙早期存在微小的不均匀性,正是这种不均匀性导致了星系的形成。COBE 的这些测量结果使得大爆炸模型再也没有人怀疑了。马瑟和斯穆特等人实现了对微波背景辐射的精确测量,标志着宇宙学进入了"精确研究"时代。著名科学家霍金评论说:"COBE 项目的研究成果堪称 20 世纪最重要的科学成就。"

在 COBE 项目的基础上,耗资 1.45 亿美元的美国"威尔金森微波各向异性探测器"于 2001 年进入太空,对宇宙微波背景辐射进行了更精确地观测。而欧洲"普朗克"卫星不久也将发射升空,继续提高研究的精确度。

威尔金森微波各向异性探测器(Wilkinson Microwave Anisotropy Probe,简称 WMAP)是 NASA 的人造卫星,目的是探测宇宙中大爆炸后残留的辐射热,2001 年 6 月 30 日,WMAP 搭载德尔塔 II 型火箭在佛罗里达州卡纳维拉尔角的肯尼迪航天中心发射升空。WMAP 的目标是找出宇宙微波背景辐射的温度之间的微小差异,以帮助测试有关宇宙产生的各种理论。它是 COBE 的继承者,是中级探索者卫星系列之一。WMAP 以宇宙背景辐射的先驱研究者大卫·威尔金森命名。WMAP 在围绕日—地系统的 L2 点运行,离地球 1.5×10^6 千米。

▲ 图 4-17　威尔金森微波各向异性探测器

1992 年，NASA 的 COBE 卫星观测表明微波背景辐射（CMB）是我们可以在自然界测到的最完美的黑体辐射谱，并且第一次给出了 CMB 各项异性的证据。但由于当时技术的限制，COBE 的角分辨率只为 7 度，WMAP 的角分辨率为 13 分，因而 WMAP 将能精确地回答上述许多基本问题。

对于给定的宇宙模型，物理学家们可以精确地计算出 CMB 各向异性的功率谱，它是与宇宙模型的基本参数有关的，因而通过精确的测量宽角度范围的 CMB 功率谱，可以确定出各种宇宙模型的基本参数，判断哪些宇宙的模型更好地描述着我们的宇宙，而通过这些基本参数，我们可以知道许多宇宙学中的基本问题，比如空间的几何、宇宙中的物质组分、大尺度结构的形成和宇宙的电离历史等。

重 840kg 的 WMAP 于 2001 年 6 月 30 日升空，经过三阶段绕地—月系统的飞行后，被弹射到日—地系统的第二拉格朗日点 L2，该点在月球轨道之外，距地球约 150 万千米，其周围区域是引力的鞍点，在这里卫星可以近似保持距地球的距离，需要很少的维护工作，WMAP 的维护工作约一年四次。在与地—月系统绕太阳转动的同时，WMAP 在 L2 轨道上还做着 0.464 转/分钟的自转和 1 转/小时的运动。为了降低系统误差，WMAP 精确测量的是天空上分隔 180 度至 0.25 度的任意两个方向的温度差。为了获得全天的信息，WMAP 采用了复杂的全天扫描方式，做一次完整地全天扫描要六个月的时间。第一次公布的数据（2003 年）包含了两组全天扫描的结果。

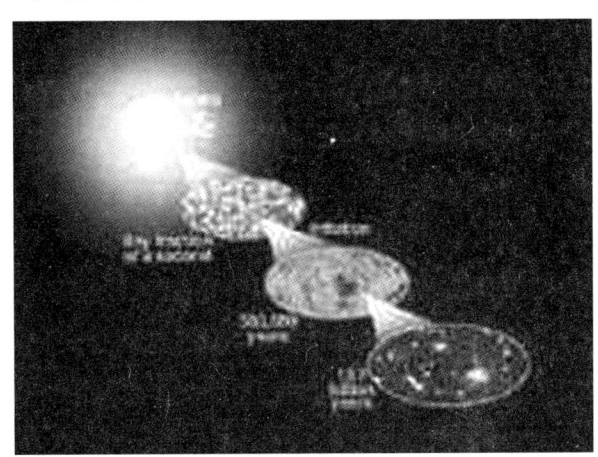

▲ 图 4-18　宇宙大爆炸的余晖

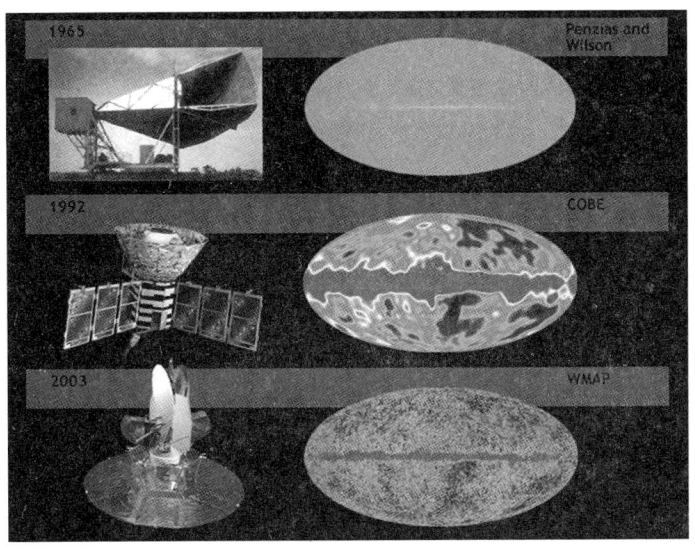

▲ 图 4-19　微波背景辐射三次观测结果

　　图 4-19 中的下图就是 WMAP 观测的微波背景辐射全景图。图 4-19 的上图是 1965 年彭齐斯等人的观测结果，可以看到当时的数据非常零碎，中图

是 COBE 的观测结果，但是角分辨率只为 7 度，不够精确。下图中 WMAP 观测的角分辨率为 13 分，就精密多了。给出的资料更为完备，更为可靠。实际上，WMAP 共给出五个波段的全天图：W-band（~94GHz），V-band（~61GHz），Q-band（~41GHz），Ka-band（~33GHz）和 K-band（~23GHz）。其选取的目的是为降低前景辐射（如银河系的辐射）对 CMB 的污染，在这些频率上 CMB 各向异性与前景辐射污染的比率最大。其中，K-band 和 Ka-band 不用做 CMB 的分析，因为它们有着最大的前景污染和它们所观测的空间的区域是受限于其他频段测量所带来的不确定性（cosmic variance）。

分析 WMAP 观测结果，2003 年 7 月 23 日，美国匹兹堡大学斯克兰顿（Scranton）博士领导的一个多国科学家小组宣布，发现了暗能量存在的直接证据。同时，他们宣布，观测表明宇宙的年龄是（137 ± 2）亿岁；宇宙的组成为：4%为一般的重子物质；22%为种类未知的暗物质，不辐射也不吸收光线；74%为神秘的暗能量，造成宇宙膨胀的加速。宇宙论这几年观测的资料，虽然在大角度的测量上仍然有无法解释的四极矩异常现象，但对宇宙膨胀的说明已经有更好地改进。哈勃常数为（74.2 ± 3.6）km/（s·Mpc），数据显示宇宙是平坦的。宇宙微波背景辐射偏极化的结果，提供宇宙膨胀在理论上倾向简单化的实验论证。

WMAP 研究的结果是大爆炸宇宙学又一次里程碑式的进步，并且还是物质探源漫漫征途中的一次跃进。它表明宇宙大爆炸的演化确实获得了实验验证，而且告诉我们物质探源远远未达到终结，宇宙中 22%的暗物质和 74%的暗能量，我们不是不甚了解，就是完全陌生。暗能量作为宇宙中所占比例最多的东西反而是人类最迟也是最难了解的，至今仅知道它们存在着，但还不清楚它们的性质。

普朗克空间探测器是 2009 年 3 月 14 日发射升空的，被放置在位于地球"背影"中的第二拉格朗日点。是欧洲航天局发射的第一颗用于探测宇宙微波背景辐射的空间探测器。"普朗克"将是第一个携带辐射热测定器——超灵敏的温度计的微波背景辐射探测器。"普朗克"的灵敏度和角分辨率分别是 WMAP 的 10 倍和 3 倍，这使得它可以间接地测量引力波。为了保证观测的精确，"普朗克"也在极力地"降温"，它可达到的最低工作温度仅比绝对零度高出 0.1 摄氏度。

▲ 图 4-20　普朗克（Planck）空间探测器

2009 年 9 月 17 日，欧洲航天局（European Space Agency，简写为 ESA）普朗克空间探测器获得了早期宇宙的第一批观测数据，高质量的数据令人称奇，为接下来的巡天观测开了个好头。图 4-21 中绿颜色的带子为此次普朗克探测器探测的图像，背景为我们看到的宇宙图景，中心的亮带为银河。有关的观测资料正在紧张地分析，我们相信普朗克探测器必将为我们带来振奋人心的好消息。

▲ 图 4-21　普朗克探测器观测图像

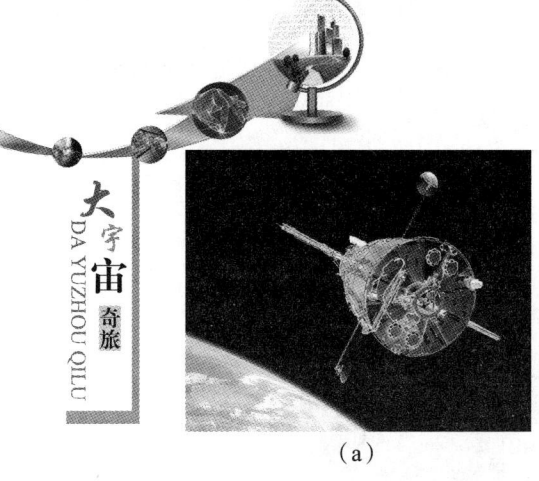
（a）

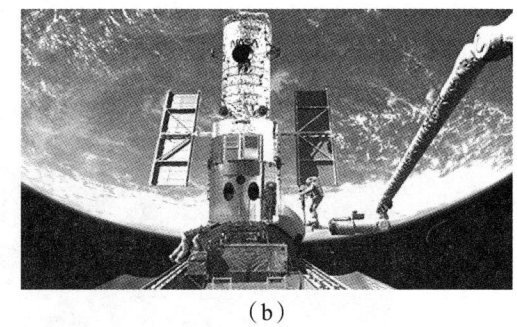
（b）

▲ 图 4-22　哈勃天文望远镜的雄姿

　　哈勃天文望远镜（Hubble Space Telescope，缩写为 HST）1990 年 4 月 24 日升空起，升空 20 余年，它给我们带来的天文观测资料和宇宙学信息是史无前例的。哈勃太空望远镜，是以天文学家埃德温·哈勃（Edwin Powell Hubble）命名，在地球轨道的望远镜。哈勃望远镜接收地面控制中心（美国马里兰州的霍普金斯大学内）的指令并将各种观测数据通过无线电传输回地球。由于它位于地球大气层之上，因此获得了地基望远镜所没有的好处——影像不受大气湍流的扰动、视相度绝佳，且无大气散射造成的背景光，还能观测会被臭氧层吸收的紫外线。于 1990 年发射之后，已经成为天文史上最重要的仪器。

　　哈勃望远镜的重要发现很多，我们下面仅介绍与宇宙学有关的 12 大发现。

▲ 图 4-23　首次证实暗物质的存在

天文学家基于哈勃天文望远镜的观测数据研究土星与星系群碰撞时,找到了暗物质存在的有力证据。他们对星系群1E0657-56进行了观测,该星系群也被称为"子弹星系群"。他们发现两组星系在重力拉伸作用下暗物质和正常宇宙物质被分离开了,这项研究首次证实了暗物质的存在,这种无形物质是无法通过望远镜进行探测的。暗物质构成了宇宙的主要质量,并构成了宇宙的底层结构。暗物质能与宇宙正常物质(比如气体和灰尘)发生重力交互作用,促进宇宙正常物质形成恒星和星系。

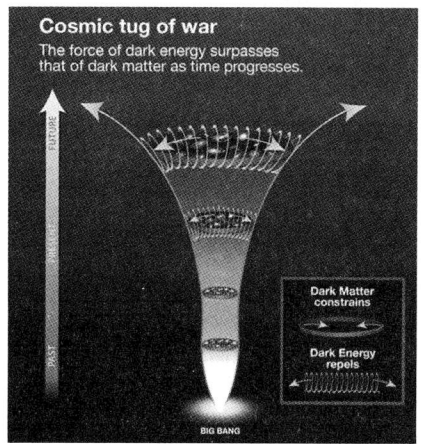

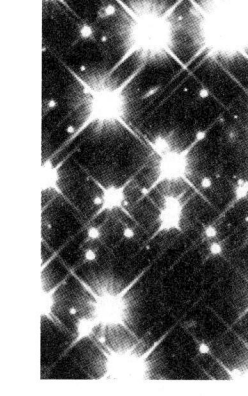

▲ 图4-24 观测到加速宇宙　　　　▲ 图4-25 宇宙的年龄

哈勃天文望远镜通过观测到遥远爆炸恒星释放出的光束,将有助于科学家发现暗能量。几年之中,哈勃天文望远镜的观测结果显示,宇宙暗能量在数十亿年里与重力展开着拔河竞争,暗能量起到了重力的反作用力,促进宇宙以更快的速度进行膨胀。

哈勃天文望远镜的观测结果使宇航员能够通过两种方法精确地计算出宇宙的年龄,第一种方法是依赖测量宇宙膨胀的比率,结果显示宇宙的年龄大概是130亿年;第二种方法是通过测量叫做白矮星的年老昏暗恒星所释放出的光线,该方法证实宇宙存在至少120亿年~130亿年。

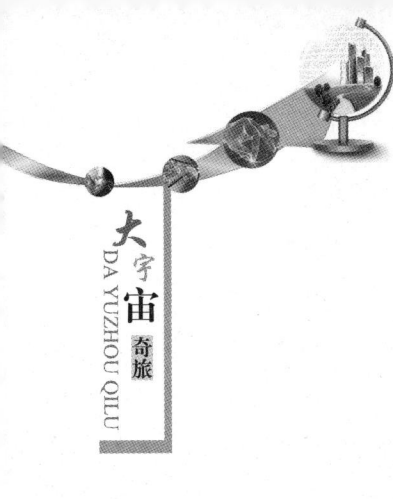

▲ 图 4-26　探测到冥王星的卫星

　　哈勃天文望远镜对我们太阳系的外围区域进行了勘测,进一步研究冥王星和其他冰冷的天体。它发现了环绕冥王星的两颗新卫星——Nix 和 Hydra,这两颗卫星的颜色与冥卫一相同。这三颗卫星具有相同的颜色暗示着它们可能同时诞生于数十亿年前某颗星体与冥王星的碰撞。

▲ 图 4-27　类星体明亮的光线

　　类星体令人难以捉摸并且非常神秘,自从 1963 年发现类星体之后,天文学家就一直致力于探测类星体是如何紧密地结合了光线和其他放射性物质。类星体位于宇宙外沿区域,能够产生大量的能量。类星体并不比太阳系大,但是其亮度却与拥有数千亿颗恒星的星系相当。

▲ 图 4-28　彗星碰撞木星　　　　　　▲ 图 4-29　完整的星系形成过程

　　哈勃天文望远镜拍摄到数十颗彗星碰撞木星的情景，图片显示可观的爆炸发送强烈的蘑菇状热气体火球进入木星上空。此次碰撞木星的彗星群叫做"Shoemaker-Levy 9"，它两年前就被木星分裂成许多小彗星，最终当小彗星落在木星表面上时，在木星行星云中留下了临时性的熏黑斑点。

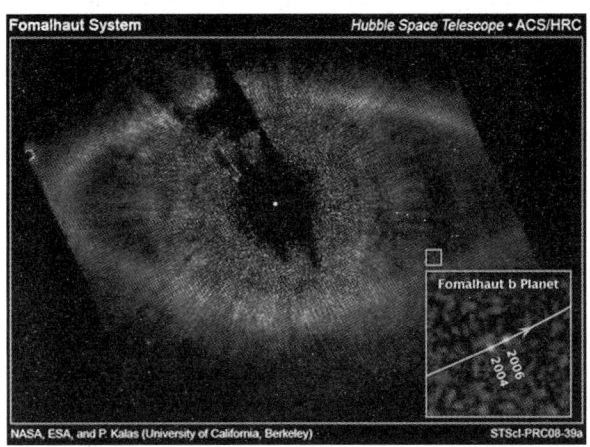

▲ 图 4-30　可见光视角下探测到第一颗地外行星

哈勃天文望远镜提供了星系随着时间的流逝如何形成现今所观测到的巨大星系,它拍摄到遥远宇宙星系一系列独特的观测照片,许多星系存在仅7亿年,就是说,它们离我们在130亿光年之遥,这项观测提供了宇宙以可见光、紫外线和近红外线视角下的景象。

天文学家使用哈勃天文望远镜拍摄到可见光视角下的第一颗地外行星,并探测到该行星具有大气层。这颗行星的学名为"北落师门 b",是环绕明亮的北落师门恒星运行的一颗小行星,距离地球 25 光年,位于 Piscis Australis 星座之中。一个直径为 215 亿英里的巨大残骸圆盘包围着这颗恒星,这颗行星就位于残骸圆盘内部。

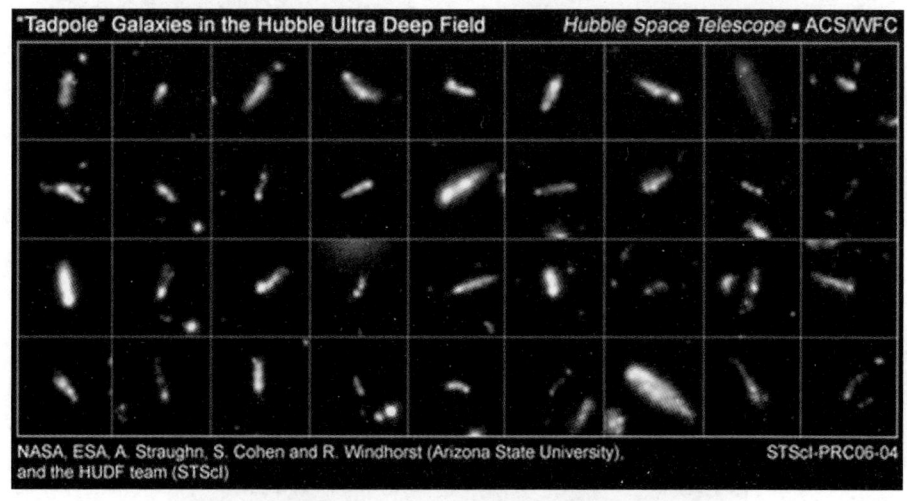

"Tadpole" Galaxies in the Hubble Ultra Deep Field   Hubble Space Telescope • ACS/WFC

NASA, ESA, A. Straughn, S. Cohen and R. Windhorst (Arizona State University), and the HUDF team (STScI)   STScI-PRC06-04

▲ 图 4-31　超大质量黑洞"称重"

哈勃天文望远镜探测到星系的浓密中心区域,并强有力地证实超大质量黑洞位于星系中心位置。超大质量黑洞紧裹着数百万至数十亿颗太阳的质量。这里拥有许多重力,使其吞并任何周围物质。这种复杂的"吞并机制"并不能直接观测到,这是由于甚至光线也难逃重力的束缚。但是哈勃天文望远镜能够直接进行探测,它帮助天文学家通过测量黑洞周边物质旋转速度测量出几个超大质量黑洞的质量。

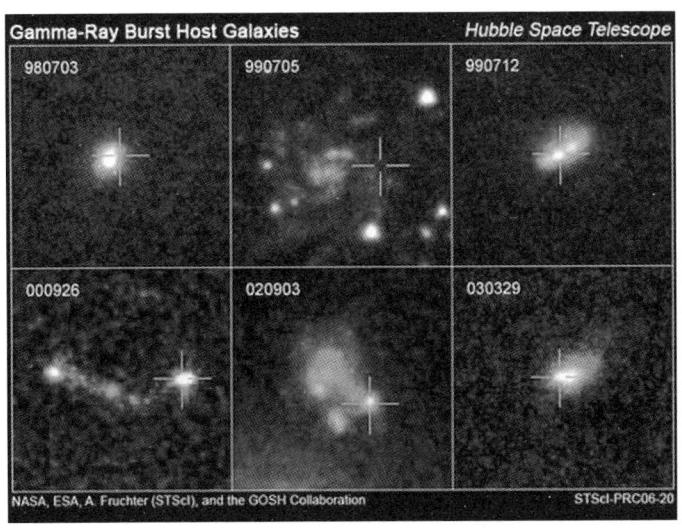

▲ 图 4-32　宇宙中最强烈的爆炸

　　科学家曾猜测地球大气层臭氧层中存在可燃烧强大的光线束和其他放射物质，但幸运的是他们的推测是错误的，这种强烈放射性只存在较遥远的宇宙区域。如图所示，这种强烈的爆炸称为γ射线爆，它可能是自宇宙大爆炸之后最强烈的爆炸事件。哈勃天文望远镜显示放射物质在遥远星系中短暂的闪光，这里的恒星形成概率非常高，该望远镜的观测结果证实强大的光线束源自超大质量恒星的崩溃。

▲ 图 4-33　行星诞生于恒星灰尘盘

天文学家通过哈勃天文望远镜证明了行星可形成于恒星周围的灰尘盘，它的观测结果显示之前已探测一颗行星位于恒星 Epsilon Eridani 旁，并以地球视角的 30 度进行环绕，同样恒星的灰尘盘也有相同的倾斜角度。虽然天文学家长期推断行星形成于这样的灰尘盘，但这是经观测而证实的研究。

▲ 图 4-34　恒星绚丽地死亡

这颗类似太阳的恒星在生命的最后历程中，向太空喷射最外层的气态层，这一气态层开始燃烧，释放出红色、蓝色和绿色，它被称为"行星状星云"。

第五章

风休住,蓬舟吹取三山去
——结语

千秋功罪,谁人曾与评说——暴胀宇宙论评述

暮云收尽溢春寒,银汉无声转玉盘——大小宇宙和谐的统一图景

雄关漫道真如铁,而今迈步从头越——雅典娜交响乐终曲

千秋功罪，谁人曾与评说——暴胀宇宙论评述

宇宙学作为一门学科，远远未达到终结，最多不过锋刃初试罢了。自 1964 年发现微波背景辐射以来，潮流确实改变了。原来视"宇宙学"鄙不足道的学界士人，现在对它刮目相待了。但是，宇宙学虽然大体做到自圆其说，不作"妄语"。然而，它的许多论点还显得粗糙，许多结论还显得勉强，许多论据还显得理由不充足。

与其说，以暴胀宇宙论为主要内容的现代宇宙学解决了许多问题，倒不如说，借助暴胀论，我们得以发现更多问题，学会更恰当地提出问题。航向虽已指明，但坚冰尚未打破。

我们已经看到，新暴胀模型虽然解释了正、反物质不对称的起源，但是，难以得到与今日观测相符的定量结果。

1982 年末到 1983 年初，居斯、霍金、斯塔诺宾斯基和巴丁等人，对于相变后的密度扰动谱进行认真分析，发现新、旧暴胀论都有严重问题。

暴胀论确实可以解释观测宇宙的结构在大范围是均匀的。但对小范围宇宙的团块结构，如星系团、星系和恒星等等，却无能为力。我们曾经说过，泽尔多维奇在 1972 年通过唯象分析，认为要得到观测宇宙目前这种团块结构，要求一个与尺度无关的物质密度的微小涨落，即相对涨落为

$$\frac{\Delta\rho}{\rho} = 10^{-4},$$

式中 ρ 为宇宙物质的平均密度，$\Delta\rho$ 为密度的涨落。

在暴胀论中，这种原始的物质密度微扰，在极早期宇宙的德西特相时期产生（暴胀时期），而且导出的扰动谱（涨落规律）对空间尺度的依赖关系是对数型的，亦即与尺度关系不大。这可以算作暴胀论的一个胜利。

遗憾的是，在旧暴胀论中，以 10^6 光年为尺度平均，得到的密度相对涨落是

$$\frac{\Delta\rho}{\rho} \approx 49,$$

130

在新暴胀论中,以 10^{10} 光年为尺度平均,则为

$$\frac{\Delta\rho}{\rho} \approx 64,$$

即比应有的数值大十万倍左右。这个问题现在以扰动问题著称。

扰动问题是暴胀论中新冒出的问题。

1983 年到 1984 年,古普达(S.Gupta)、奎恩(H.Quinn)和斯忒哈特、特纳对于新暴胀论相变的具体机制,其中采用的柯勒曼—温伯格位势进行认真分析,发现建立一个更合理的慢滑相变机制是可能的。

原来的相变机制,看来更可能导向一个陌生的宇宙,而不是通向我们生活的这个现实宇宙。用术语说,原来的相变机制在动力学上是不稳定的。

古普达等人找到一个兼顾各种要求,同时在动力学上是稳定的希格斯位势。但对位势的参数要求极为苛刻,甚至对十几位有效数字都一一作了具体选择,丝毫不能含糊。这一个结果太富于戏剧性了,但太不自然。

照我们看来,这个结果与其说是新暴胀论的成功,倒不如说是,这个理论应该受到严重质疑的地方。这一点,我们称为相变的动力学不稳定问题。

尤其是作为暴胀论的重要组成部分,简单的 SU(5)大统一理论近年来已发生动摇,这几乎要动摇暴胀论的根本了。

简单的大统一理论的最重要的预言是:质子会衰变,但其寿命很长,约小于

$$\tau \leq 1.4 \times 10^{32} \text{年}.$$

1981 年夏天,日本—印度的实验小组宣称,他们发现三起质子衰变的事例。这件事使人欢喜一场,但由于这些事例均发生在探测器的边缘区,当时人们便半信半疑。

其后,全世界几十个实验小组投入紧张地工作,搜索质子衰变的事例。实验很难做。在地下深处放了一个巨大水箱,最大的实验装置盛满 8000 吨水,周围放了很多探测仪器,最多的有 2048 个光电倍增管,以探测水中质子的衰变的产物。

光阴荏苒，几年过去了，一个质子衰变事例也没有检查到。1985 年整理出来的一个数据是，质子的寿命至少大于 3.3×10^{32} 年，与大统一理论的预言相抵触。SU(5) 理论看来靠不住了。

还有一种 SO(10) 的简单大统一理论预言质子寿命长一点，即

$$\tau > 4.0 \times 10^{32} \text{年},$$

这种理论似乎与上述实验值不矛盾。但直到今日，又过去五年，依然未发现一起起子衰变事例。看来，SO(10) 也靠不住。

皮之不存，毛将焉附？无论如何，暴胀论至少还得修改，原封不动是不行了。但其精华所在，暴胀的概念看来应在新的更合理更严密的理论中占据一席之地。我们看到，正是暴胀的概念为早期宇宙的演化提供一个简单优美的图景。因此，问题在于如何为暴胀的概念提供一个简单优美的理论。

一个有希望的研究途径是利用超对称大统一理论建立起超对称宇宙学。在这方面辛勤耕耘的有斯雷里基(M. Sredniki)、金斯巴(P. Ginsparg)、兰诺坡诺斯、塔伐基斯(K. Tamvakis)和奥列弗(K. A. Olive)等。林德等在 1983 年提出超对称暴胀宇宙论，其中以超过对称破缺相变诱发暴胀为主。

超对称性是人们在 20 世纪 70 年代发现的一种新的对称性。超对称变换把玻色子场(自旋为整数)变为费米子场(自旋为半整数)，把费米子场变为玻色子场。在超对称变换下具有不变性的理论叫做超对称性理论。

利用超对称理论，挽救大统一理论不失为一个出路。超对称大统一理论预言的质子寿命，比大统一预言的要大得多，这与目前实验资料不矛盾。超对称暴胀模型的一个显著优点是，无须调节相变机制的参数，很容易得到"慢滚动"相变图景，即暴胀图景。

但超对称或超引力理论不能解决物质密度的扰动问题。尤其是超对称理论本身预言的许多粒子，如引力微子，夸克和轻子的玻色子伙伴，以及光子、中间玻色子和胶子等的费米子伙伴，迄今为止一个也没有发现。它所展示的图景与小宇宙的现实相差太大。因为这一点，尽管超对称理论形式优美，但总给人一个色彩斑斓的瓷花瓶的感觉，恐怕落地就碎呢！

1983 年,林德提出所谓"混沌暴胀"(chaotic inflation)的新模型。他认为,我们的"宇宙是在混沌中产生,混沌中膨胀起来"。这种理论的主要特点是,宇宙的暴胀与具体模型,如 SU(5)大统一模型、超对称 SU(5)大统一模型完全没有关系。这个理论放弃了高温相变为早期宇宙的暴胀提供动力的观点。

混沌暴胀论认为,原始宇宙遍布许多类型的希格斯场,每类希格斯场的性质取决于其势能的最小值的数值。乾坤初开之际,每类希格斯场都来不及达到其最小值,都不是均一的。因而,宇宙的各个部分,希格斯场都取不同的数值。就是说,希格斯场是完全无序(混沌)分布的。

随着宇宙的膨胀和冷却,希格斯场非常缓慢地下降,直到达到最小值为止。这种情况极其相似于暴胀论中的慢滚动相变机制。当原始宇宙的某一部分,其中普通物质的能量等于希格斯场的能量(真空能)时,这一部分的指数型暴胀开始,直到希格斯场达到最小值时为止。

显然,如果某一区域的标量(希格斯)场当初离其最小值处越远,暴胀过程就越长,该区域的范围便膨胀得越大,反之则越小。用简单的标量场理论——φ^4 理论估算,原始宇宙的体积会膨胀 $e^{1000000}$ 倍! 我们观测宇宙只不过僻处其中一个区域的小角度,它只是从普朗克长度约为 10^{-33} 厘米那样大小的一个点膨胀起来的。

当希格斯场下降到最小值时,区域达到真实真空态,希格斯场围绕最小值来回振荡,就好像玻璃珠子在半圆形的碗底来回振荡一样。这种情况,可以当作一个希格斯粒子的高密度状态。

希格斯粒子不稳定,会迅速衰变为更轻的粒子,同时辐射大量热量。当振荡停止时,宇宙(或区域)便充满热基本粒子。至此以后,演化便按照标准模型描述的样子进行。

混沌模型看来比原来的暴胀模型要简单、自然得多。暴胀模型的所有吸引人的地方,混沌模型全部继承下来,而且能够避免物质密度涨落困难。按照康(R. Kahn)和布朗登伯格(R. Brandenberger)1984 年的工作,可以得到扰动谱

$$\frac{\Delta\rho}{\rho} \approx 10^{-6} \sim 10^{-4},$$

这个结果相当令人满意。混沌模型尽管还有许多不明确的地方。总的来看，这个模型是颇有生命力的。

20世纪90年代发现暗物质，为解决扰动谱的问题提供了新的视角。

2007年1月，暗物质分布图终于诞生了。经过4年的努力，70位研究人员绘制出这幅三维的"蓝图"，勾勒出相当于从地球上看，8个月亮并排所覆盖的天空范围中暗物质的轮廓。他们使出了什么技术化隐形为有形的呢？那可全亏了一项了不起的技术：引力透镜。

更妙的是，这张分布图带给我们的信息。首先我们看到，暗物质并不是无所不在，它们只在某些地方聚集成团状，而对另一些地方却不屑一顾。其次，将星系的图片与之重叠，我们看到星系与暗物质的位置基本吻合。有暗物质的地方，就有恒星和星系，没有暗物质的地方，就什么都没有。暗物质似乎相当于一个隐形的、但必不可少的背景，星系（包括银河系）在其中移动。分布图还为我们提供了一次真正的时光旅行的机会……分布图中越远的地方，离我们也越远。不过，背景中恒星所发出的光，不是我们瞬间就能看到的，即使光速（每秒30万千米）堪称极致，那也需要一定的时间。因为这段距离得用光年来计算，1光年相当于10万亿千米。

因此，如果你往远处看，比如距离我们20亿光年的地方，那你所看到的东西是20亿年前的样子，而不是现在的样子。就好像是回到了过去！明白了吗？好，现在回到分布图上，我们看到的是暗物质在25亿年~75亿年前的样子。

那么在这个异常遥远的年代，暗物质看上去是什么样子的呢？好像一碗面糊。而离我们越近，暗物质就越是聚集在一起，像一个个的面包丁。这张神奇的分布图显示，暗物质的形态随着时间而发生着变化。更重要的是，这一分布图为我们了解暗物质的现状提供了一条线索。马赛天文物理实验室的让—保罗·克乃伯（Jean-Paul Kneib）参加了这张分布图的绘制工作，他认为，这种"面包丁"的形状自25亿年以来就没有很大改变。所以，我们看到的也就是暗物质现在的形状。

那我们也在其中吗？把所有的数据综合起来，再加上研究人员的推测，就可以在这锅宇宙浓汤中找到我们自己的历史。是的,是的……你可以把初生的宇宙设想成一个盛汤的大碗,汤里含有暗物质和普通物质……在这个碗里出现了两种相抗的现象:一方面是膨胀,试图把碗撑大;另一方面是引力,促使物质凝聚成块。结果,宇宙中的某些地方没有任何暗物质和可见物质,而它们在另外一些地方却异常密集:暗物质聚集在一起,星系则挂靠在暗物质上,就像挂在钩子上的画。

有的科学家认为,在宇宙进入以物质为主的时代以前,暗物质就是以网络状的形式存在于宇宙之中。普通物质在尔后的成团化趋势就是依附暗物质的网络逐渐形成我们现在的星系。暗物质颇像人体的骨骼一样,构成了今日宇宙之框架。

总之,暗物质的密度涨落应该在宇宙大尺度结构的形成中起主要作用。暗物质只有弱作用和引力作用。由于暗物质与辐射场之间没有耦合,因此暗物质的凝聚可以在辐射与正常物质脱耦前发生,暗物质的密度涨落也不会影响微波背景辐射的各向同性。

科学家推测,宇宙大尺度结构(自上而下),冷暗物质(CDM)起主要作用,原因是相应的粒子质量较大、速度较慢;而宇宙小尺度结构(自下而上),两种暗物质都起作用。

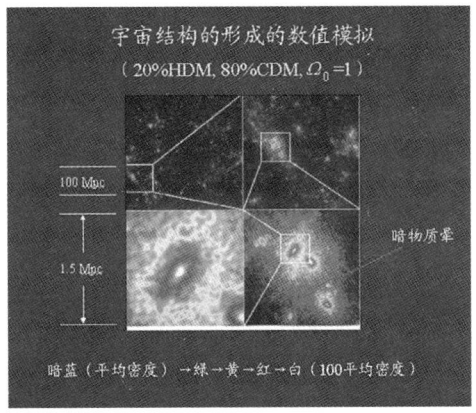

▲ 图 5-1　宇宙结构模拟图

宇宙开始包含均匀分布的暗物质和正常物质。大爆炸后数千年暗物质开始成团。暗物质确定宇宙中物质的总体分布和大尺度结构。正常物质在引力作用下向高密度区域聚集,形成星系和星系团。如图 5-1 所示,图中 Mpc 表示百万秒差距,1 秒差距≈3.3 光年,HDM 表示普通物质,CDM 表示暗物质,Ω_0 为平坦度。

暗物质的存在是早在 40 年前科学家就预言了的,因为包括太阳系、银河系在内的许多天体结构在动力学上是不稳定的,除非还有许多我们看不见的物质在其中起到维系稳定的作用。我们已经讲过目前暗物质主要分两大类,即重子型和非重子型。一般认为黑洞、白矮星等等不发光的天体也是暗物质,但是其质量占暗物质总量很少比例。暗物质的"发现",哈勃天文望远镜等新近发射的观测仪器功不可没,如图 5-2 所示。

▲ 图 5-2　哈勃太空望远镜的图片显示,天文学家认为可能是在很多年前两个星系簇发生大规模碰撞时形成的"暗物质环"

关于暗物质的分布模拟结果如图 5-3 所示。模拟是根据 COBE 观测的微波背景辐射的微小起伏,正好反映暗物质在宇宙中的不均匀分布。

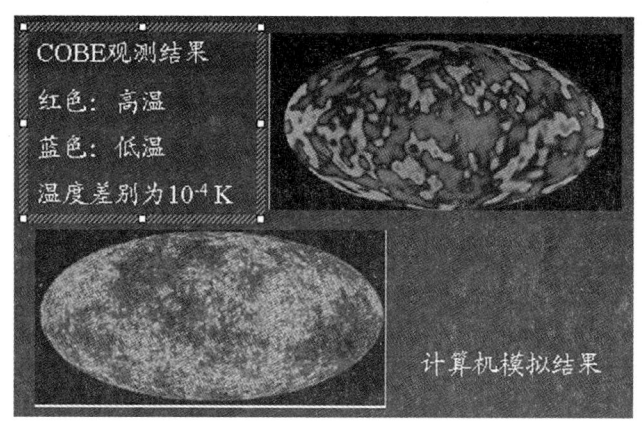

▲ 图 5-3 暗物质分布模拟图

现在,我们恐怕不得不谈谈"奇点问题"了。恐怕在所有的问题中,从大爆炸直到暴胀论,人们提出质疑最多的就是这个问题了。现代宇宙学的一个基本出发点:我们的宇宙产生于 100 亿年~200 亿年前,宇宙年龄 t 为零的那个时刻的一次大爆炸,其时宇宙处于无限高温和无限大能量密度状态。在数学上,这称为奇点。

1970 年,霍金证明,只要广义相对论正确,奇点是不可避免的。不仅宇宙必然始于一个"奇点"——一个能量密度无限大(曲率无穷大)奇点(原始火球),崩且宇宙中所有的恒星的最后归宿也是一个"奇点",都会坍塌为奇怪的黑洞。

很难想象,物质的一个客观存在的状态会是一个奇点。从理论上说,在普朗克时间的宇宙状态,应该由完整的引力量子理论描述。在那个时期,广义相对论自然失效了。因此,霍金定理是否适用,也许值得研究了。

也许"奇点"只不过是物质某种奇异状态的简化和近似地描写罢了。大多数人有一种相互的信念,如同温伯格所说:"一种可能是,宇宙从来就没有真正达到无限大密度的状态。宇宙现在的膨胀可能开始于从前一次收缩的末尾,当时的宇宙达到了一个非常高的、但仍然是有限的密度。"

人们沿着这个思路,对于宇宙的真实起源进行大胆探索。在这些探索中,

奇点问题避免了,但却给人们留下更多的思索。

1973年蒂龙(E. Tryon)首先提出、1982年塔夫兹大学的维伦金(A. Vilenkin)根据暴胀论的观点进一步完善的宇宙起源于"虚无"的理论,乍听起来,确实骇人听闻。

暴胀论认为,我们观测的宇宙来自相当普朗克长度的一"点"。维伦金等设想,此时量子理论的一个基本原理——海森堡(W. K. Heisenberg)测不准关系依然有效,从时空结构中的一个量子起伏(或涨落)产生我们的宇宙。

由测不准关系

$$\Delta E \cdot \Delta t \approx h,$$

(式中 E 为能量测不准量, Δt 为时间的测不准量, h 为普朗克常数,约为 1.05×10^{-27} 尔格·秒),

令 Δt = 普朗克时间,约 10^{-45} 秒代入,得到其时宇宙的物质总量为 10^{-4} 克。这样一来,当然就无所谓"奇点困难"了。

不过此时的"虚无",系指没有时间,没有空间和没有物质的状态。现在宇宙的总物质约为 10^{56} 千克。从"虚无"中产生这样多物质,除了少数理论家外,确实无人相信。

但信不信由你,他们确实可以自圆其说。设宇宙的总能量可以分为引力部分与非引力部分。在暴胀时期,区域急剧膨胀,假真空急剧膨胀,宇宙中的非引力能随之产生,并不断增长。一旦相变发生,这部分能量被释放出来,最终演化为热粒子气体、恒星、行星、人类等。

与此同时,可以粗略定义引力能,其值为负数,总是精确与非引力能抵消,总能量始终为零。所谓宇宙从"虚无"中诞生,大致是这么一回事。

由于量子引力理论尚未成熟,上述想法并无多大根据,只是一个科学猜测而已,但在这方面进行大胆、审慎探讨无疑是有意义的。近年来,霍金、胡比乐等人都做了一些极有启示意义的工作。

印度科学家纳里卡对大爆炸理论是坚决反对的。其主要原因之一,就是奇点困难。他说:"奇点时刻也就是宇宙的奇点。此时物质和能量守恒定律不再成立，因为宇宙中所有物质(以及辐射)都必须在这一时刻创生。"

奇点困难避免了，代之而起的是"宇宙从绝对虚无中产生"，这个在科学上和哲学上都极难以接受的假设。这一切给我们留下更多的问题。

首先，问题是大爆炸本身，到底是否为"宇宙的开端"？抑或是"在此以前"一系列演化的结果呢？有人说，无所谓"在此以前"，无所谓"此前的空间和时间"。但是没有"演化的序列"呢？有没有因果关系？如果什么都没有，混混沌沌，迷迷蒙蒙，岂非陷入"神创论"的泥坑？或者向"不可知"论挂起白旗？

对于开放型宇宙，大爆炸就是宇宙"真正的开端"了。对此如何理解，如何解释？看来绝非一件轻而易举的小事情，我们必须谨慎。

科学与神学之间并没有一条不可逾越的鸿沟。前车之鉴，发人深省。

1619年，开普勒发表了他发现的太阳系中行星运动的三大规律。他找不到行星何以如此运动的原因，百思不得其解。开普勒只得求助神祇。他幻想是身长双翼的安琪儿在不停地推动行星，使行星在太空中做规则的运动。可怜的小天使，你们的工作是何等辛劳和不苟！

现在我们知道，安琪儿是没有的，主宰这一切的只是万有引力。任何一个理工科大学生都能够轻松自如地从万有引力定律，推导出开普勒三大定律。

科学巨人牛顿面对神秘的宇宙，对于"秩序井然"的太阳系的起源，无法解释，只得诉诸上帝："我认为这不是靠纯粹的自然原因所能解释的，我不得不把它归之于一个有自由意志的主宰的意图和安排。"

这个"主宰"就是超自然的"神"，就是上帝。晚年的牛顿，沉迷于"约翰启示录"之类宗教信条，绝非偶然。

太阳系的起源之谜，虽然尚未全部揭晓，但它是一系列天体物理过程的必然结果。从康德、拉普拉斯以后，没有一个严肃的天文学家怀疑这一点。

神秘的大爆炸，大概目前已为多数人所承认，我们听到的亿万斯年前这次大爆炸的回声，捕捉到爆炸后的残骸化石，大多数人都不怀疑曾经有过一场大爆炸。

但是，大爆炸的神秘感并未减少。我们进行的工作已解决了不少问题，但是更多的问题出来了。对于宇宙的认识越深入，未知的事件和事物就越多。我们还没有"参透"大爆炸的谜底，然而，我们可以肯定的是：

大爆炸学说，确实是我们观测宇宙"起源"的最佳描述，但决非"宇宙学"的终结。

大爆炸，既是我们观察宇宙演化的起点，也是一系列"演化序列"的必然结果。

没有神明，没有上帝，有的只是大自然本身。我们还需要探索，还需前进！

暮云收尽溢春寒，银汉无声转玉盘
——大小宇宙和谐的统一图景

▲ 图 5-4　宇宙大爆炸之后的演化过程

我们已经相当详尽地描述了我们观测的宇宙的"创世记",多少有些把握地介绍了开天辟地的大爆炸的场面。虽然只不过 10^{-4} 秒,却变化如此纷繁,场面如此宏大,给人留下难以磨灭的印象。

我们在考察宇宙极早期历史时,处处领略到整个物质世界,大至浩瀚无际的太空,小到极微世界的粒子,所表现的和谐的统一图景,这一点确实使人惊讶万分!

我们看到,小宇宙中物质世界层次,由分子,而原子,而原子核、原子碎片,而基本粒子,而夸克,而亚夸克……真是"庭院深深深几许,杨柳堆烟,帘幕无重数",至小无内。

后来我们又看到,大宇宙中物质世界的梯级层次,由行星,而恒星,而星系,而星系团,而超星系团,而观测宇宙。

大爆炸学说受人责难的一点,就是它认为观测宇宙是有限的,其尺度不过 100 亿光年~200 亿光年,似乎"至大不是无外"。宇宙有限呢!

人们的直觉,一直相信宇宙是无限的。古罗马诗人卢克莱斯在其脍炙人口的名著"物性论"中洋洋洒洒地写道:

在整个宇宙之外没有别物,

所以也没有一个终点,

因此也没有任何开端,

不管你把自己放在什么地方,

放在宇宙的任何地区,都没有关系;

一个人不论站在什么地方,

在他的周围总会有那无限的宇宙向各方伸展……

哲人们更是言简意赅,表达他们对无限宇宙的信念。我们战国时代的大哲学家管子说:"至大无外。"元代邓牧则说:"谓天地之外无复天地,岂通论哉!"西方的康德、拉普拉斯更是系统、详尽地阐述他们关于无限宇宙的观点。

我们不要忘记,意大利科学家布鲁诺正是由于勇敢捍卫"无限宇宙"的观点,才被罗马宗教裁判所判决死刑,于 1600 年 3 月 17 日在罗马的鲜花广场

被残忍烧死。

主张"有限宇宙"论者,不乏其人。认为地球是宇宙中心的柏拉图、亚里士多德和托勒密,都主张宇宙是一个有限大小的天球。作为一种人类认识宇宙的假说,我们应该公允地承认,他们的学说并非毫无价值。不幸的是,宗教则利用他们的理论以售其私货,很长一段时间内,有限宇宙论成了神学的奴仆。

从19世纪开始,人们开始从科学观测和实验资料来研究宇宙,宇宙学逐渐由哲人的禁地转移到科学家的手中。有限宇宙论的拥护者,对无限宇宙论提出两点著名的诘难。

其一,是德国天文学家奥勃斯(H. W. M. Olbers)在1826年提出的光度佯谬。奥勃斯提出,如果宇宙是无限的,天空中的星星必然也是无限多。每个星星都发光(恒星),容易算出,宇宙间的星光能量密度应为无限大。

这就是说,射到地球上的星光的光强应为无限大。对于我们,无论是白天,还是黑夜,天空都应像太阳一样耀眼。可是黑夜为什么这样黑呢?

奥勃斯本人认为,由于星际介质吸收了星光,所以没有发生这样的事。现在看来,奥勃斯的解释是错误的。星际介质吸收星光后,温度会上升,直到与星光处于热平衡。以后,它们吸收多少星光,就会辐射多少"星光"。

实际上,这个诘难,早在1744年,瑞士天文学家契斯考克斯(J. P. L. de Chescaux)就提出来了。

▲ 图5-5 奥勃斯光度佯谬

其二,是德国天文学家西利格(Seeliger)在1894年提出的引力佯谬。他指出,如果宇宙为无限大,则在宇宙空间的任何一个地方,其引力位势都会为无限大。任何物质都应受到一个无限大的引力作用。可是,我们并未观察到这种情况。这是为什么?

或许有人会反驳说,如果宇宙物质的分布是均匀的,则各个方向的物质在某一点处产生的引力会相互抵消。但是,我们知道,观测宇宙并非处处绝对均匀,就不会"抵消完"所有引力。对于无限宇宙,抵消是"无穷大减无穷大",结果很可能还是无限大呢!

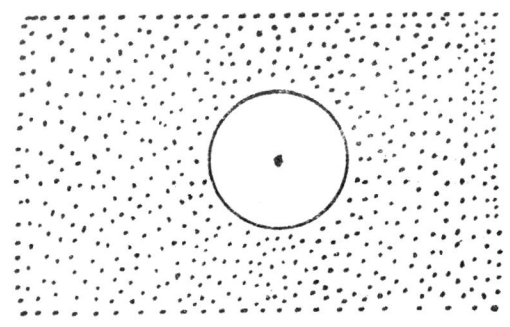

▲ 图5-6　绝对均匀分布的宇宙中,在球形洞穴中没有引力场

1917年,爱因斯坦的无边有限的宇宙模型的建立,使有限宇宙论与无限宇宙论的争论出现新的局面。尤其是大爆炸学说问世、微波背景辐射发现以后,有限宇宙论的主张,至少在天文学界占了上风。

无论是光度佯谬,还是引力佯谬,都是由于承认宇宙的无限性引起的。这些问题,在一个范围有限的宇宙中自然得到解决。在大爆炸学说中,这两个问题不成为问题。

然而对于有限宇宙论,尤其是在大爆炸瞬间,一个量子起伏,在尺度小于10^{-33}厘米的区域产生10^{-5}克的物质,以后又暴胀为我们的硕大无朋的宇宙,创生10^{51}千克物质的动人故事,固然令人折服,一唱而三叹。但是,整个宇宙在时间上有一个起点,在空间上局限一定范围,毕竟使人难以置信。

暴胀宇宙论,其中存在多个宇宙的新观点,似乎使用有限宇宙论与无限

宇宙论的争论有了"和解"的可能。都有道理，都有不足，关键在于哲学和逻辑上的同一律。

就我们观测宇宙，与我们有因果联系的范围，确实是有限的。无论时间、空间都有限。但就宇宙的本来意义来说，或者如暴胀中的原始宇宙（整个宇宙）来说，是无限的。从我们认识的水平，原始宇宙就是本意上的宇宙了，观测宇宙与原始宇宙是完全不同的两码事。

原始宇宙由许多区域组成。各个区域之间彼此相连，同时又被所谓区域壁所隔开。各个区域中，具有不同类型的希格斯场。或者说，希格斯场取不同的最小值，因而相应的物理规律完全不同。

我们观察宇宙所在的区域，现在的范围可能有 10^{35} 光年之遥，比观测宇宙的尺度大 10^{25} 倍。相形之下，我们的宇宙在区域中的地位，还不过沧海一粟吧。

幸运的是，在我们所在的区域中，相互作用恰好分裂为强相互作用力、电磁相互作用力、弱相互作用力和万有引力。这一点决定我们的宇宙的演化进程、星系的形成等等，同时也导致生命的出现和繁衍，直到人类本身。

在其他区域，物理规律就全然不同了，我们这种类型的生命是不会存在的。与我们同一区域，但观测宇宙之外的地方，物理规律是相同的，但不可能取得任何联系。这些地方在我们的视界之外。

"整个"宇宙的无限性依然是"神圣不可侵犯"。正如恩格斯所说："时间上的永恒性，空间上的无限性，本来就是，不论向前或向后，向上或向下，向左或向右。"如果不拘泥于"前、后、上、下"的具体的狭义物理含义，这段话依然熠熠生辉，闪烁着真知灼见的光辉。

我这样说，不知争论的双方会不会满意？读者们满不满意？

这样一来，确实又恢复"至大无外"的梯极宇宙的序列……观测宇宙，区域，原始宇宙……真是"天外青天，何处是尽头"？

存在多个宇宙，即所谓平行宇宙论，一直使人产生无尽的遐想。至少在数学上是可以构建这样的理论，例如：在超弦论中便允许平行宇宙的存在。

平行宇宙论（Parallel universes），或者叫多重宇宙论（Multiverse），指的是

一种在物理学里尚未被证实的理论,根据这种理论,在我们的宇宙之外,很可能还存在着其他的宇宙,而这些宇宙是宇宙的可能状态的一种反映,这些宇宙可能其基本物理常数和我们所认知的宇宙相同,也可能不同。平行宇宙这个名词是由美国哲学家与心理学家威廉·詹姆士在1895年所发明的。

平行宇宙经常被用以说明:一个事件不同的过程或一个不同的决定的后续发展是存在于不同的平行宇宙中的;这个理论也常被用于解释其他的一些诡论,像关于时间旅行的一些诡论,像"一颗球落入时光隧道,回到了过去撞上了自己因而使得自己无法进入时光隧道"。解决此诡论,除了假设时间旅行是不可能的以外,另外也可以以平行宇宙做解释。根据平行宇宙理论的解释:这颗球撞上自己和没有撞上自己是两个不同的平行宇宙。在近代这个理论已经激起了大量科学、哲学和神学的问题,而科幻小说亦喜欢将平行宇宙的概念用于其中。例如量子宇宙就是平行宇宙论的现在版本。但是由于平行宇宙目前基本上属于思辨性的产物,我们不予深究。一般来说,一个多维的宇宙论都允许此类模型的存在。

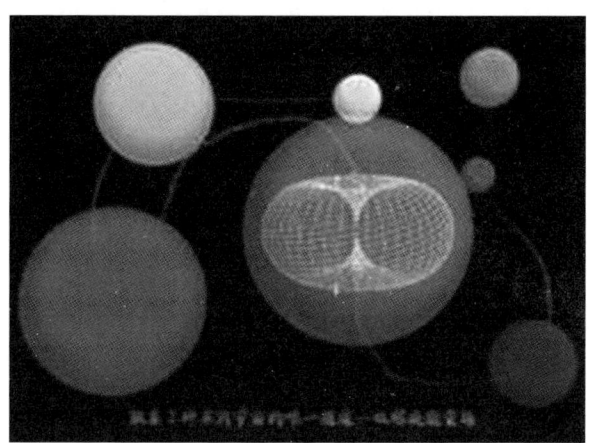

▲ 图5-7 平行宇宙示意图

我们观测的宇宙如果存在额外的维度,原则上是允许所谓时光隧道现象。例如,在图5-8中地球与远在20万亿英里的α-半人马座的星际旅行,如果采用通常的飞船,即使以光速运行(这是不可能的)也需要许多万年。但是如果

宇宙的拓扑结构有额外的维度，在宇宙的任意两个地方存在所谓虫洞的话，则完全可以通过虫洞穿梭，大大缩短旅行时间。

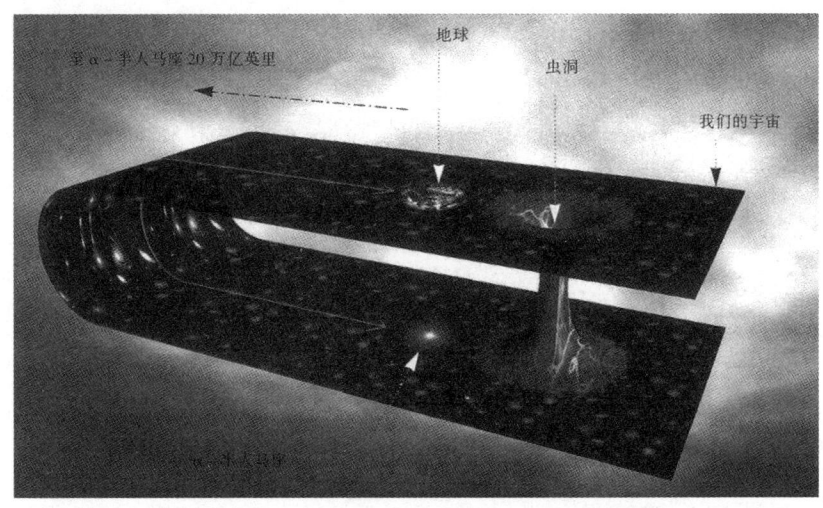

▲ 图5-8　虫洞

▲ 图5-9　欧洲核子研究中心外景

　　2011年9月23日，欧洲核子研究中心科学家宣布，他们发现中微子可能以快于光速的速度飞行。此次研究的中微子束源自位于日内瓦的欧洲核子研究中心，接收方则是意大利罗马附近的意大利国立核物理研究所。粒子束的发射方和接收方之间有着730千米的距离，研究者让粒子束以近光速运行，并通过其最后运行的时间和距离来判断中微子的速度。中微子束在两地之间的地下管道中穿梭,科研人员在让中微子进行近光速运动时,其到达时间比预计的早了 60 纳秒(1 纳秒等于十亿分之一秒)。对此,研究者认为,这可能意味着这些中微子是以比光速快 60 纳秒的速度运行。这一发现轰动世界。一旦这一发现被验证为真,有可能颠覆支撑现代物理学的爱因斯坦相对论。

科学界的反应议论纷纷。大部分人认为有关实验还需认真复核。他们指出 2007 年欧洲核子中心也进行过类似实验,但是与相对论完全吻合。换言之,他们实质上是不相信实验结果。我们姑且认为实验的结果是可信的,也未必颠覆爱因斯坦相对论。实际上,还有一种可能,就是真实物理空间不是四维,而是还存在额外的维度。此时,中微子完全可以通过额外的维度"抄近路",超弦论等都预言有额外维度的存在。为什么我们不能把它看做是额外维度的证明呢? 大体而论,我们的观点就是这个实验的结果值得怀疑,即令复核无误,我们宁肯相信有空间额外维度的存在,而爱因斯坦狭义相对论错误的可能性最小。毕竟相对论经过 100 年反复的实验证明是正确的。

在这样一个"至大无外,其小无内"的物理世界——大宇宙与小宇宙中,我们看到了统一和谐的交响乐,首先是结构上的统一,其次是规律的统一。自发破缺机制,原来是在粒子物理中,为了使规范粒子获得质量的一种机制。我们怎么不会想到,暴胀宇宙的关系关键的"暴胀"全靠所谓希格斯机制。

实际上,现代宇宙学的演化基础,就是基本粒子相互作用的理论,即量子场论。

超新星是一种罕见的天体物理现象。我们已经介绍过,当恒星演化到晚期时,其中心的核能用尽以后,没有力量维持恒星的平衡,结果发生大坍塌。坍塌以后,形成致密的中子星。在坍塌时放出大量引力能,其中一部分变成光辐射,引起恒星的外壳向外爆发。

这种观点早在 1934 年,就由巴德和兹维基在"超新星与宇宙线"一文中提出来了。经过 50 余年的完善和发展,看来已成定论。其中主要运用的是原子核和粒子物理的规律和知识。

超新星爆发是极为罕见的现象,百年难遇一次。所以巴德等人的理论并未经受直接的实验检验。1987 年 2 月 24 日,加拿大的几位天文学家发现,在南半球的天空中,大麦哲伦星云中的一颗暗星,突然亮度增强,变为一颗四等星,一颗超新星爆发了。这是 1604 年观察到开普勒超新星爆发以后,第一颗用肉眼可以观察的超新星。

这颗超新星命名为 SN1987a,离我们约 15 万光年。根据观测到的来自这颗超新星的中微子平均能量来看,约为 4MeV,相应的温度为 100 万度以上。

日本神冈观测站(Kamioko)、美国 IMB 实验小组(美国 Irvine 大学、Michigan 大学和 Brookaven 国立实验室联合观测组)同时观测到来自 SN1987a 的中微子。神冈小组在 11 秒钟内观测到 11 个中微子,IMB 小组则在 6 秒内观测到 8 个。观测到的是电子型反中微子$\bar{\nu}_e$。

欧洲勃朗峰观测站宣称,他们在神冈之前四五个小时发现 SN1987a 的爆发,而且尔后又宣布他们的许多分析、议论,曾轰动一时。十分遗憾的是,在历次国际学术会议上,学者们仔细推敲,发现这些观测结果被认为靠不住,大家认为神冈的结果,更为可信。

这些观测站的接收器颇为庞大。接收器的工作物质主要是水。神冈的接收器中盛水 2140 吨,在水箱周围布满上千个光电倍增管,用以记录高能电子在水中引起的一种特殊辐射,即所谓契连科夫辐射。

按照超新星形成的引力坍塌理论,如果质量与体积均与太阳相当,星体核若坍塌到 10 公里大小时,要释放 10^{48} 焦耳的引力能。其中大约只有百分之一以光能和爆发动能的形式释放出来,而 99% 的能量则为辐射的高能中微子所携带。

在引力坍塌过程中,大量辐射中微子。一个来源是质子转变为中子时,大量放出电子型反中微子$\bar{\nu}_e$,

$$p + e^- \rightarrow n + \bar{\nu}_e,$$

在此过程中,星体核演化为中子星。

辐射中微子的另一个来源是,坍塌到后来,核心质量密度极大,达到

10^{11} 克/厘米^3,中微子与电子会发生反应,许多过程会产生中微子对,如

$$e^+ + e^- \rightleftharpoons \begin{cases} \nu_e + \bar{\nu}_e, \\ \nu_\mu + \bar{\nu}_\mu, \\ \nu_\tau + \bar{\nu}_\tau. \end{cases}$$

在这些反应中,会有大量高能中微子发射出来。理论推算,相当温度为 100 亿度~1000 亿度! 令人惊异的是,与神冈的观测完全吻合。

美国普林斯顿的巴柯尔(J. N. Bahcall)、格拉肖,我国的陆埮和方励之等人,对于神冈、IMB 等人的观测资料,进行了详尽地分析,从中提取丰富的信息。例如陆埮小组在 1988 年的"天文学与空间科学"杂志上撰文宣称,他们根据神冈的资料推算出中微子 $\bar{\nu}_e$ 的表止质量为 3eV~4eV,很可能就是 3.6eV。他们得到 SN1987a 的光度变化谱,并由此断言,这颗超新星的星体核质量约为太阳质量的 12~25 倍。

人类观察到这 19 个中微子,意义非同凡响。这证实超新星理论完全正确,也雄辩地证明,大小宇宙,天上人间,遵循同一自然法则。

大宇宙与小宇宙的统一性还表现在运动的统一,或者说相互作用的统一。我们看到,极早期宇宙与粒子物理确实结下难解之缘,这决非偶然。现代宇宙学告诉我们,越趋近大爆炸瞬间,宇宙介质的有效温度越高,相应的能量也越高。现代粒子物理学告诉我们,进入到更深的物质层次,意味着研究的空间范围(Δl)越窄,由测不准关系

$$\Delta p \cdot \Delta l \approx h$$

可知,这表明需要更高的能量。一句话,对于大宇宙,"越早"相应的能量越高,对于小宇宙,"越小"相应的能量越高。

十分清楚,在宇宙年龄 10^2 秒~10^{12} 秒,相当于原子核理论的规律起主要作用的时期。我们从大爆炸的基本假设出发,根据贝特等的原子核理论,比较准确地预言宇宙中氢等轻元素的丰度,是十分顺理成章的事。

从 10^{-5} 秒~10^2 秒这一段时期,是传统的粒子物理理论起支配作用的时期。

在 10^{-5} 秒附近,夸克禁闭失效,自由夸克到处都是。到 10^{-9} 秒,弱、电两作

用已统一为一种力,叫弱电力。此后,早期宇宙或小于 10^{-15} 厘米的小宇宙的运动规律应由弱电模型描述。此时相应的能量已在目前人类加速器所达到的能量之上了。

从 10^{-9} 秒~10^{-35} 秒,相应的能量从 10^3GeV~10^{19}GeV。这样高的能量,人类在实验室无法达到。10^{-35} 秒,弱、强、电磁三种力已并合为一种大统一力了。目前我们对这个能域的物理现象几乎毫无所知,所以物理学家称它为大沙漠。

从 10^{-43} 秒~10^{-35} 秒,这是大统一理论起作用的时间。10^{-43} 秒以前,则是量子引力,或超引力时代。对于这段时间的大宇宙,或对于相应的 10^{-33} 厘米~10^{-28} 厘米,或小于 10^{-33} 厘米的小宇宙,应该说,我们几乎什么都不知道。至多只凭猜测,隐隐约约捉摸出一点十分不可靠的信息。

原来大宇宙的甚早期研究,与小宇宙的"不解缘""难了情"是这样结下的。支配它们的完全是相同的理论和相同的研究手段。因此,在大、小宇宙的研究中,相互促进,相互渗透就是意料中的事。

一般说来,人类在探索大、小宇宙的奥秘中,往往是小宇宙的理论,无法或难于实验室检验,只得求助于"太空实验室",求助于大宇宙赐予我们的无与伦比的极端实验条件:超高温、超高压、超高密度、超强磁场等等;而在大宇宙的研究中,又往往乞灵于小宇宙研究中精妙无比的理论和模型。在本书中,两方面的例子都很多。

我们谈谈中微子的"代"数问题。这实际上是小宇宙中,基本粒子的种类有多少这个基本问题。因为我们在前面已经讲过,现在公认的基本粒子是夸克和轻子,轻子和夸克呈现"代结构"。因而,有多少代中微子,就有多少代轻子和夸克。每一代,如果连同反粒子,加上夸克的颜色,意味着有 8 种基本粒子。

现在人们一般认为,有三代中微子v_e、v_μ、v_τ。人们自然会想,天知道这个"幽灵家庭"有多少"兄弟"呀! 如果发现更多的中微子,基本粒子就得成 8 倍的增加。

1974 年,普林斯顿大学的格罗斯(D. J. Gross)等人利用量子色动力学的重正化群的方法证明,"代"数不会超过 16,否则在实验室测察到的,在高能下

(或很短距离内)夸克的渐近自由现象就不会出现了。所谓渐近自由就是,两夸克如相距很近,约 10^{-13} 厘米处,它们这间的相互作用几乎消失了,夸克跟自由粒子差不多了。

16 种! 这意味有 96 种基本粒子。这么多基本粒子,还能算"基本"吗?

1978 年,斯拉姆在国际中微子物理学讨论会上宣称,如果氦 He^4 的原始丰度为 0.25,由大爆炸模型,可以推断出中微子的"代"数至多为四。在第七章中,我们已从最近的实验推断出中微子与夸克都只能有三代。

轴子(Axion)是温伯格和维泽克(F. Wiczek)在 1978 年为了解释在量子色动力学中的一部分守恒规律而预言的一种粒子。这种粒子质量很小,自旋为零。它是在 U(1)对称性自发破缺时所出现的一种玻色粒子,其质量得自与所谓瞬子的相互作用。估计这种粒子的质量在 10keV 与 1MeV 之间。人们认为轴子可能是弱相互作用粒子的最可能的候选者之一。

维勃斯基(M. I. Vysotsky)等分析太阳的发光资料得出,其质量应大于 25keV。轴子的存在,目前持不定者居多数。

在大宇宙的研究中,许多难以理解的新现象,往往在小宇宙的理论武器库中寻找攻坚破城的武器。

从 1972 年以来,人们在天际多次观察到神秘的γ射线爆发。爆发持续的时间很短,但辐射的γ射线的总能量却异常巨大,表明发射源是体积很小的天体,其来历迄今为止还是个谜。

近来发射多颗天文卫星(HEAO)主要就是从事γ射线波段和X射线波段的观测。1979 年 3 月 5 日,一组国际性太阳系人造天体的探测食品,探测到大麦哲伦星云中发生的一次特大γ射线爆发。这次爆发持续时间为 0.15 秒,辐射能量 10^{37} 焦耳,即十万亿亿亿亿吨焦耳,相当太阳一千年内向太空辐射的总能量,约为地球上煤和石油储量的能量的十亿亿倍!

是什么机制会在这样短的时间辐射这样巨大的能量呢? 有人想起奥姆勒斯、克莱因、阿尔文关于反物质世界的假说。有人估算,如果此次γ射线爆发是由正、反物质湮灭所引起,则湮灭物质的质量约为 10^{20} 千克,比月亮质量稍小一点。

但是，正如我们知道的，瑞典科学家克莱因等人的假说十分靠不住。会不会是某种未知的特殊坍塌现象？比如说，中子星坍塌为夸克星的过程，如此等等。

茫茫太空，渺渺寰宇，蕴含极微世界的奥秘，微型宇宙的疑云怪雾，处处透露大千世界的骀荡春光。宇观之巨，微观之细，纷繁多样，无奇不有。然而，纷繁而有序，多样而和谐，变化而有致，其故安在？

巨、细之间具有统一性：结构统一，规律统一，运动统一，最根本的统一性在于它们的物质性。大小宇宙都是物质的基本形态。

对于宇宙和谐的追求，自古以来就是驱使人们探求自然而奋斗不息的强大动力。古希腊的毕达哥拉斯学派认为，宇宙是按照数学来设计的，"万物皆数也"，由此证明宇宙是一个和谐的系统。恩格斯对此评价极高："于是宇宙的规律性第一次被说出来了。"

哥白尼在其不朽名著《天体运行论》中说，"一切行星的次序和大小，乃至上天本身，均表现秩序和谐和"。近代天文学的先驱开普勒在 1590 年发表的第一部天文学著作书名为《天体谐和论》，1609 年发表的另一部著作书名为《宇宙谐和论》。这一切，难道不正反映了人类对于宇宙谐和的真谛的追求吗？

现代宇宙学的问世，爱因斯坦的宇宙论，大爆炸学说，暴胀宇宙论，人类终于真正得以用方程式和数字，谱写宇宙演化的和声，探求大千世界和无处不在的韵律。我们确实感到，正如德国大物理学家玻尔兹曼（L. Boltzmann）所说："自然界的统一性显示在关于各种现象的微分方程式的'惊人的相似'中。"

这句被列宁极力称赞的话，对于至大无边的观测宇宙与至小无极的粒子王国之间，我们所看到的千丝万缕的内在联系，是一个何等贴切真实的描写啊！

追溯宇宙的历史，越是趋近于极早期，其中物质状态越是简单，最终不可避免地会将其中的演化规律归结于同一起因，或是基本组分，或是基本作用。无怪乎，极早期宇宙的历史，与相互作用的统一理论，与夸克、亚夸克模型如此紧密地联系在一起。

读者在这本小册子中会发现,对于宇宙早期历史的探索,近年来已取得长足进步。"宇宙起源之谜"虽然尚未完全揭开,但是我们隐隐约约看到了揭晓前的曙光。除了一些必要的背景材料外,我们尽可能选取有关研究前沿的最新资料。在材料的选取上,自然反映作者的倾向性。然而,我们一般在篇幅许可的条件下,尽可能做到兼收并蓄,以便使读者"窥全豹"。

因此,读者不会奇怪,为什么有这样多的歧见异说,这样多不确定或模棱两可的地方。其实,激烈的争论,活跃的思想,正好是一门学科诞生的最好洗礼,是现代宇宙学强大生命力的反映。什么时候,什么地方,如果有什么"终极真理"在炫耀,有什么"定于一尊"的大一统在肆虐,其时其地,科学之花必然萎缩,真理之光必然黯淡。这种教训,这样的例子,难道不是处处可见,所在皆是吗?

万幸的是,现代宇宙学正面临的是一个百花齐放的春天,到处生机盎然,风和日丽。大千世界,繁星闪烁,河汉璀璨,正在召唤着我们!

雄关漫道真如铁,而今迈步从头越
——雅典娜交响乐终曲

我们从极微世界——小宇宙开始了我们奇妙的物质探索之旅。本书重点遨游九天,浏览了灿烂星空,一路上无数引人入胜的绝妙风光,感受到人类智慧思想的灵泉活水,处处陶醉在科学奇葩的淡淡幽香中,时时沐浴在人类在探索大小宇宙中所表现的无所畏惧,百折不挠的大无畏精神的光辉中。一路上,正如山水之旅不免劳顿一样,我们有时也需要费力,付出艰辛,但是,却获得了无限的愉悦和幸福。我们的旅行、探索是智者的智慧之旅,是勇敢勇士的探索之旅,仿佛雅典娜女神在鸣奏着交响乐,引导我们向前,鼓励我们攀登。

▲ 图 5-10 雅典娜女神

我们应该记得,雅典娜(英文 Athena),希腊神话中的智慧与工艺女神,女战神,执掌正义的战争。传说是宙斯与聪慧女神墨提斯(Metis)所生,因盖亚有预言说墨提斯所生的儿女会推翻宙斯,宙斯遂将她整个吞入腹中,因此宙斯得了严重的头痛症。包括阿波罗在内的所有神都试图对他实施一种有效地治疗,但结果都是徒劳。众神与人类之父宙斯只好要求火神赫菲斯托斯打开他的头颅。火神那样做了后,令奥林匹斯山诸神惊讶的是:一位体态婀娜、披坚执锐的美丽的女神从裂开的头颅中跳了出来,光彩照人,仪态万方。据说她有宙斯一般的力量,如果加上与生俱来的神盾埃吉斯的力量,她的实力就超过了奥林匹斯的所有神。她是最聪明的女神,是智慧与力量的完美结合。她就是女战神与智慧女神雅典娜,也是雅典的守护神。

我们旅行的目的在于探索宇宙中物质的奥秘。在 20 世纪 90 年代以前,人类在探索物质本源似乎取得了极大的成果,基本粒子的标准模型似乎能够说明物质微观世界结构和运动规律,并且我们利用标准模型去探索宇宙的结构也是成果斐然。然而不然,首先是在研究星系结构的时候,人们发现这种结构具有动力学的极大不稳定性,由此,人们提出可能在宇宙中存在大量我们看不到的物质,现在我们知道,这就是所谓暗物质。暗物质只参与引力相互作用,我们难以利用光学望远镜和射电望远镜观察他们。其中有少量的暗物质,例如中微子和黑洞、白矮星、中子星等等,我们对其性质和运动规律有所了解。这里我们稍微详细地介绍黑洞。

黑洞是一种引力极强的天体,就连光也不能逃脱。当恒星的半径缩小到一定的程度时(史瓦西半径),就连垂直表面发射的光都无法逃逸了,这时恒星就变成了黑洞。说它"黑",是指它就像宇宙中的无底洞,任何物质一旦掉进去,"似乎"就再不能逃出。由于黑洞中的光无法逃逸,所以我们无法直接观测到黑洞。然而,可以通过测量它对周围天体的作用和影响来间接观测或推测到它的存在。黑洞引申义为无法摆脱的境遇。

▲ 图 5-11 黑洞

黑洞的产生过程类似于中子星的产生过程。恒星的核心在自身重量的作用下迅速地收缩,发生强力爆炸。当核心中所有的物质都变成中子时收缩过程立即停止,被压缩成一个密实的星体,同时也压缩了内部的空间和时间。但在黑洞情况下,由于恒星核心的质量大到使收缩过程无休止地进行下去,中子本身在挤压引力自身的作用下被碾为粉末,剩下来的是一个密度高到难以想象的物质。由于高质量而产生的力量,使得任何靠近它的物体都会被它吸进去。黑洞开始吞噬恒星的外壳,但黑洞并不能吞噬如此多的物质,黑洞会释放一部分物质,射出两束γ射线爆。因此,在地球上接受到γ射线爆往往是黑洞吞噬星体的标志。

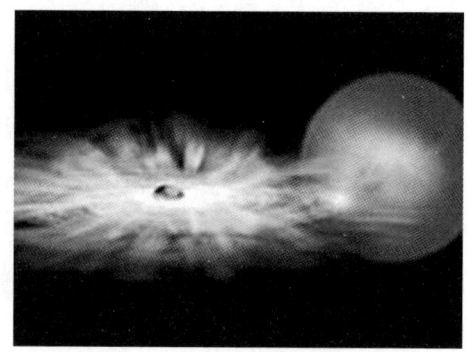

▲ 图 5-12　黑洞吞噬周围物体

当一颗恒星衰老时, 它的热核反应已经耗尽了中心的燃料——氢, 由中心产生的能量已经不多了。这样, 它再也没有足够的力量来承担起外壳巨大的重量。所以在外壳的重压之下, 核心开始坍缩, 直到最后形成体积无限小、密度无限大的星体。跟白矮星和中子星一样, 黑洞可能也是由质量大于太阳质量好几倍的恒星演化而来的。

物质将不可阻挡地向着中心点进军, 直至成为一个体积很无限小、密度趋向很大。而当它的半径一旦收缩到一定程度(一定小于史瓦西半径), 质量导致的时空扭曲就使得即使光也无法向外射出——"黑洞"诞生了。黑洞没有内部结构, 其物理性质只有总质量、总的转动惯量, 如果带电, 则具有总电荷。这就是所谓黑洞的无毛定理, 又称三毛定理。

▲ 图 5-13　黑洞的视界和γ爆

所谓黑洞系指存在一个事件的集合或时空区域,光或任何东西都不可能从该区域逃逸而到达远处的观察者,这样的区域称作黑洞,将其边界称作事件视界。

在黑洞周围,由于引力极大,时空的变形非常大。这样,即使是被黑洞挡着的恒星发出的光,虽然有一部分会落入黑洞中消失,可另一部分光线会通过弯曲的空间中绕过黑洞而到达地球。观察到黑洞背面的星空,就像黑洞不存在一样,这就是黑洞的隐身术。

更有趣的是,有些恒星不仅是朝着地球发出的光能直接到达地球,它朝其他方向发射的光也可能被附近的黑洞的强引力折射而能到达地球。这样我们不仅能看见这颗恒星的"脸",还同时看到它的"侧面"、甚至"后背",这是宇宙中的"引力透镜"效应。

▲ 图 5-14　银心区存在超大质量黑洞

黑洞的存在现在已为众多的天文观察所证实,图 5-14 就是近期用红外波段图像拍摄的位于银河系的中心部位的超大质量的黑洞。似乎所有银河系的恒星可能都围绕这个超大质量黑洞公转。最新研究表明,宇宙中最大质量黑洞的首次快速成长期出现在宇宙年龄约为 12 亿年时，而非之前认为的 20 亿年~40 亿年。

人们通过位于美国夏威夷莫纳克亚山顶，海拔 4000 多米处的北双子座望远镜，位于智利帕拉那山的南双子座望远镜，以及位于美国新墨西哥州圣阿古斯丁平原上的甚大阵射电望远镜，观察发现宇宙中大部分星系（包括银河系）的中心都隐藏着一个超大质量黑洞。这些黑洞质量大小不一，从 100 万个太阳质量到 100 亿个太阳质量。

天文学家们通过探测黑洞周围吸积盘发出的强烈辐射推断这些黑洞的存在。物质在受到强烈黑洞引力下落时，会在其周围形成吸积盘盘旋下降，在这一过程中势能迅速释放，将物质加热到极高的温度，从而发出强烈辐射。黑洞通过吸积方式吞噬周围物质，这可能就是它的成长方式。

观测结果显示，出现在宇宙年龄仅为 12 亿年时的活跃黑洞，其质量要比稍后出现的大部分大质量黑洞质量小 10 倍。但是它们的成长速度非常快，因而现在它们的质量要比后者大得多。那些最古老的黑洞，即那些在宇宙年龄仅为数亿年时便开始进入全面成长期的黑洞，它们的质量仅为太阳的 100 到 1000 倍。研究人员认为这些黑洞的形成和演化可能和宇宙中最早的恒星有关。在最初的 12 亿年后，这些被观测的黑洞天体的成长期仅仅持续了一亿到两亿年。

科学家预言存在多种形式的黑洞，例如在宇宙诞生不久，可能产生质量不大的原始黑洞。最新的研究指出，原始黑洞可能存在实验检测途径。由于太初黑洞比目前宇宙巨型黑洞要小很多，其体积甚至比原子核还要小，因此不会将整个恒星吞噬掉，自然也不会把光也湮没了。与此相反，由于太初黑洞体积太小，与恒星发生碰撞等接触时，会导致恒星表面上出现明显的振动现象。然而，暗物质与恒星发生接触是一种怎样的场景呢？你可以想象一个巨大的水球，然后尝试着将其戳出一个小洞，这时候里面流出的水形成的波状流动就类似于恒星表面出现的情况。

纽约大学的研究人员最近模拟研究表明，早期宇宙中太初黑洞在穿过一颗恒星时,所产生的各种时空效应,从而对暗物质的组成进行理论上的假设。图 5-15 中形象地显示了当一个太初黑洞在穿过一颗恒星核心区域的过程中,所产生的振动波的情形。不同的颜色的区域对应太初黑洞的密度分布以及其所产生振动效应的强弱程度。在银河系中大约存在着千亿颗恒星,如此大的样本前提下,科学家认为可观察到相当数量的振动现象。相关的研究结果已经发表在 2011 年 9 月初的《物理评论快报》上。

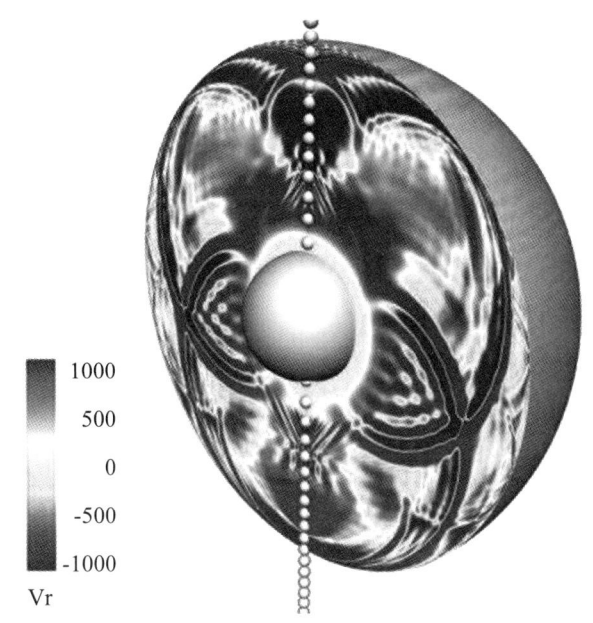

1000
500
0
-500
-1000

Vr

▲ 图 5-15　模拟太初黑洞穿过恒星中央核结构的示意图

　　这项新的研究是通过观察发生于恒星表面的波状涟漪,来间接发现惊人难以捉摸的暗物质存在证据。根据参与该项研究的科学家称:当在实验模型中设定一个太初黑洞穿过一颗恒星的中央核结构时,其所产生的振动就可以反映出关于暗物质的信息。这些振动不仅携带了暗物质的信息,同时也会在恒星表面上发生涟漪效应,观察发生于恒星表面的异常活动正式本项研究的关键之处。暗物质对于宇宙学家而言,被认为是构成了宇宙中超过 80%的物质,而且至今在天体物理学界从未直接探测到暗物质的存在。

　　通过观察恒星表面出现异常运动,我们就可以弄清楚在恒星内部正在发

生着什么情况。同理，如果一个太初黑洞穿过一颗恒星中央核结构，我们就可以通过观察其表面的振动来了解恒星内部的相互作用。研究人员模拟一个太初黑洞具有多大体积，才可以使得其与恒星发生接触时造成恒星表面出现明显振动波纹。结果发现，当质量达到一个典型的小行星水平时，才可符合这个要求。如果仅仅是一个真正意义上的太初黑洞，科学家认为能够在一些离散分布的点上发现异常情况。

研究人员迈克尔科斯登同时也指出：我们已经知道太初黑洞可以在恒星表面产生可检测到的振动现象，现在尝试着观察在比太阳更大的恒星上会出现何种情况。仅仅是银河系中的恒星就有一千亿颗的数量级，在这么大的基础样本前提下，如果我们知道银河系中哪儿会发生这类现象，每年估计可以看到一万个左右此类的事件。

至于其他暗物质我们已经指出在理论上几种可能的候选者，例如冷暗物质中的轴子，弱相互作用重粒子（WIMP）、超对称中微子等等。目前由许多实验室正在紧张地寻找暗物质存在的直接证据。目前人们认为哈勃天文望远镜 2006 年观察 Bullet 星团时，测量到了两个在 1.5 亿年前发生相撞的星团，用引力透镜确定了其质量分布。发现了一部分产生了通常物质相撞的效应，而另一部分与物质相撞时并不发生任何相互作用，给出了暗物质存在的证据。总量占宇宙物质的 22% 的暗物质的探索应该说刚刚开始。

更为令人惊奇地是在 20 世纪 90 年代人们发现了更为奇特的一种物质形态——暗能量，其总量竟然达到宇宙物质的 74%，至于这种暗能量是什么，目前人们还是一头雾水。我们所知道的仅仅是它产生负压强，或者更通俗地说产生斥力。还有一点，我们清楚的是暗能量在宇宙中是均匀分布的。人们是怎样觉察到暗能量的存在呢？

　　　亚当·里斯　　　　　莱恩·施密特　　　索尔·佩尔马特

▲ 图 5-16　2011 年诺贝尔物理学奖获得者

　　2011 年 10 月 4 日诺贝尔委员会宣布,美国科学家佩尔马特(Saul Perlmutter)、美国—澳大利亚科学家施密特(Brian Schmidt)和美国科学家里斯(Adam Riess)获得今年诺贝尔物理学奖。以表彰他们通过对超新星的观测而给出了宇宙在"大爆炸"中诞生,但会往何处去的答案:宇宙膨胀不断加速,而且逐渐变冷。这个发现,被瑞典皇家科学院称为"震动了宇宙学的基础"。他们的工作被认为是暗能量发现的标志。

　　自从哈勃发现宇宙在膨胀,天体物理学界多年来一直认为宇宙是在以一个恒定的速度膨胀,直到这三位科学家开始了对超新星的观测。此次获奖的佩尔马特和施密特分别领导两个研究小组,用最先进的天文观测工具对准了一种 "Ia 型超新星"。这种超新星是由密度极高而体积很小的白矮星爆炸而成。由于每颗"Ia 型超新星"爆发时质量都一致,它们爆炸发出的能量和射线强度也一致,因此在地球上观测 "Ia 型超新星"亮度的变化,可以准确推算出它们和地球距离的变化,并据此计算出宇宙膨胀的速度。两个研究小组总共观测了约 50 颗遥远的 "Ia 型超新星",并于 1998 年得到了一致的结论:宇宙的膨胀速度不是恒定的,也不是越来越慢,而是不断加快。

　　"Ia 型超新星"是他们测量宇宙膨胀新的标准烛光。地面和太空中越来越先进的望远镜,以及越来越强大的计算机,在 20 世纪 90 年代开启了全新的可能性，让天文学家有能力为宇宙学拼图填上更多空缺的内容。其中最关键的技术进步，则是光敏数码成像传感器 CCD 的发明。发明者威廉·波义耳(Willard Boyle)和乔治·史密斯(George Smith)因为这项发明获得了 2009 年诺贝尔物理学奖。正是这一发明，使得相关的测量成为可能。

天文学家工具箱中的最新工具，是一类特殊的恒星爆炸——Ia 型超新星。在短短几星期之内，单单一颗这样的超新星发出的光足以与整个星系相抗衡。这类超新星是白矮星(white dwarf)爆炸的结果——这种超致密老年恒星像太阳一样重，却只有地球这么大。这种爆炸是白矮星生命循环中的最后一步。

白矮星是一颗恒星核心处无法提供更多能量时形成的，因为所有的氢和氦都已经在核反应中耗尽了，只剩下了碳和氧。通过同样的方式，在久远的未来，我们的太阳也会变成一颗白矮星，最终变得越来越暗，越来越冷。

如果一颗白矮星处在一个双星系统之中(这是相当常见的)，那么就会有更令人激动的结局在等待着它。在这种情况下，白矮星强大的引力会从它的伴星身上抢夺气体。然而，一旦白矮星超过 1.4 倍太阳质量，它就再也无法维持下去了。此时，白矮星内部会变得足够炽热，启动一场失控的核聚变反应，整个恒星会在几秒钟内被炸得粉身碎骨。

这些核聚变产物会释放出强烈的辐射，在爆炸之后的最初几星期内迅速增亮，直到随后的几个月内才逐渐变暗。因此，发现这些超新星必须要快，因为它们剧烈地爆发相当短暂。在整个可观测宇宙之中，平均每分钟大约爆发 10 颗 Ia 型超新星。但宇宙实在太过巨大。一个典型的星系平均每 1000 年才会出现一到两颗超新星爆发。2011 年 9 月，我们很幸运地在北斗七星附近的一个星系中观测到了这样一颗超新星爆发，通过一副普通的双筒望远镜就能够看到。但大多数超新星离我们要遥远得多，因而也暗淡得多。那么，面对这么大一片天空，我们究竟应该在什么时间往哪里看呢？

两个相互竞争的研究团队都知道，他们必须彻查整个天空，来寻找遥远的超新星。诀窍就在于，比较同样的一小块天空拍摄于不同时间的两张照片。这一小块天空的大小，就相当于你伸直手臂时看到的指甲盖大小。第一张照片必须在新月之后拍摄,第二张照片则要在 3 个星期之后,抢在月光把星光淹没之前拍摄。接下来,两张照片就可以拿来比对,希望能够从中发现一个小小光点,即 CCD 图像中的一个像素——这有可能就是遥远星系中爆发了一颗超新星的标志。只有距离超过可观测宇宙半径 1/3 的超新星才是可用于观测的,原因是为了消除近距离星系自身运动而带来的干扰。

研究人员还有许多其他难题需要应对。Ia 型超新星似乎并不像人们一开始认为的那样可靠——最明亮的超新星爆发亮度衰减的速度要更慢一些。此外,超新星的亮度还必须扣除它们所在星系的背景亮度。另一个重要任务是获得修正亮度。我们和那些恒星之间的星系际尘埃会改变星光。在计算超新星最大亮度时,这些因素对结果都会有影响。

这条研究道路上存在太多潜在的陷阱,但令人欣慰的是,观察得出了惊人但却相同的结果:总的来说,他们发现了大约 50 颗遥远的超新星,它们的星光似乎比预期的要暗。这一结果与科学家事先的预期完全相反。如果宇宙膨胀越来越慢的话,超新星应该显得更亮才对。然而,随着超新星被所在星系裹挟着,以越来越快的速度相互远离,它们的亮度也会越来越暗。由此得出的结论出人意料:宇宙膨胀非但没有越来越慢,反而恰恰相反——宇宙膨胀在加速。有人比喻这一现象好像向上抛一只铅球,铅球非但没有坠落下地,而是继续不断向上。人们认为正是由于奇怪的物质——暗能量驱使宇宙加速膨胀。

研究表明,最初宇宙膨胀是不断减速,此时,普通物质和暗物质的引力起支配作用,但是五六十亿年前,随着物质在宇宙几十亿年来的膨胀过程中逐渐被稀释,物质的引力也会越来越弱,暗能量就会逐渐占据上风,暗能量的影响超过前者,促使宇宙的膨胀不断加速。那么什么是暗能量呢?一种最朴素、最原始的想法就是当年爱因斯坦加入宇宙学常数。当年的目的,是为了引入一种能够与物质之间的引力相抗衡的斥力,从而创造出一个静态的宇宙。如今,暗能量——宇宙学常数却似乎在加速宇宙的膨胀。这可以解释为什么宇宙学常数直到宇宙历史中相当晚的一个时期,才逐渐开始发挥主导作用。大

约在某一时期,物质的引力减到了与宇宙学常数相当的地步。而在那一时期之前,宇宙的膨胀确实是一直在减速。

宇宙学常数可能源自于真空,按照量子物理学的观点,真空从来就不是空无一物。相反,真空是一锅不断翻滚的量子汤,正反物质的虚粒子不断产生又不断消失,从而产生出能量。真空能的性质跟暗能量完全一致,具有负压力,并且处处均匀。

然而,对真空能数量级最简单的估算,与宇宙中测量到的暗能量数量却完全不符,足足大了大约 10^{120} 倍。这成了横亘在理论与观测之间的一条至今无解的巨大鸿沟——要知道,地球上所有海滩上的沙粒加在一起,也不过只有 10^{20}。因此定性地用真空能说明负能量是可以的,但是要定量描述是完全不允许的。

目前有许多理论、模型来解释暗能量,如精质(Quintessence)模型,幽灵(Phantom)模型、精灵(Quantom)模型和快子模型等。但是都缺乏强有力的实验支持。看来暗能量的探索征途还刚刚开始。所谓雄关漫道真如铁,而今迈步从头越。

按照目前现在公认的观点,宇宙大约有 3/4 由暗能量构成。剩余的是物质。但普通物质,也就是构成星系、恒星、人类和花花草草的东西,只占宇宙成分的 4%。其他物质被称为暗物质,至今仍在跟我们"躲猫猫"。暗物质是我们大都未知的宇宙中另一个迄今未解的谜题。与暗能量一样,暗物质也是不可见的。对于这两样东西,我们只知道它们发挥的作用—— 一个是推,另一个是拉。名字前面那个"暗"字,是它们唯一的共同点。

一言以蔽之,通过对小宇宙和大宇宙的奇妙之旅,我们得到的结论是什么呢?我们对于物质本源的探索才刚刚开始。难道不是吗?我们只对于占4%的普通物质有比较清楚的认识,对于占22%的暗物质刚刚有所接触,而对于占宇宙物质总质量74%的暗能量几乎一无所知。这个结论正好印证了一句古老格言,"我们知识面越宽广,我们面临的未知就更多"。无论如何在雅典娜交响乐的伴奏下,我们对于物质本源的探索必将继续进行,必将揭示更加绚丽夺目的新的画面。

至此，在结束本书之前，我们必须告诉读者一个奇怪的现象。从 20 世纪开始直到 90 年代，对于物质本源的认识主战场在微观世界——小宇宙，由分子而原子、而亚原子、而基本粒子、夸克和轻子，层层剥笋。特别是 20 世纪 60 年代到 90 年代，从高能物理实验室，从美国和欧洲的加速器不断给我们传来探索物质的捷报，其成果的结晶就是基本粒子的标准模型。现在宇宙学的研究发轫于 20 世纪 20 年代，真正引起人们重视是 1965 年微波背景辐射发现以后。因此，无足奇怪，在 20 世纪诺贝尔物理学奖获得最多的领域就是高能物理（包括物质结构探索），总共 93 次，天体物理不过 11 次。需要说明的是，获奖项目在各专门学科的划分只是相对的，因为同一内容完全可以归入到两个甚至三个不同学科中，同一年的奖项也可因人而分在多个不同的学科中。例如：1978 年物理学奖，是关于低温 He-4 超流研究，发现宇宙 3K 背景辐射，就应该分属天体物理、凝聚态物理和低温物理与超导三个门类。但是以 21 世纪的 11 次诺贝尔物理学奖为例，4 次天体物理，3 次高能物理。换言之，在物质探源的主战场，逐渐由加速器转移到天体观测。这是为什么？

最重要的原因是加速器限于资金、技术的限制，建造更大的加速器越来越困难。美国在 1999 年将已经完工三分之一的超导对撞机下马，就是一个典型的例子。巨型加速器耗资巨大，越来越为人们承受不起。正在运行的美国最大的加速器布鲁海文加速器也于 2011 年 10 月停止运行。同时即使我们能建造更大的加速器，也许还不能有更多的发现，因为从现在来看，物质形态复杂性远远超过人们原来的预想。因为对于太阳系模型类似的层状物质结构看来加速器是有效的。实际上，此类层状物质结构也许只是普通物质的特点。暗物质特别是暗能量的物质结构如何？我们不得而知，但是至少从暗能量的均匀分布来看，此类物质是呈现连续分布的。

实际上，著名的科学家玻姆曾证明一个量子多体系统不能简单地分解为独立的部分，各部分都处于相互联系之中，其动力学关系取决于系统的整体状态。可以设想这种整体的关联性将从子系统到系统到超系统最终扩展到整个宇宙。试想仅仅通过传统的分析和演绎的方法怎么可能完全正确的认识客观世界呢？在此，我们不能不把我们审视的目光投向古老的东方。以太阳系模型为代表的现代物质结构模型，实质上是古希腊原子论的继续和发展。但在古老的东方，特别是以道家哲学为代表的物质观则往往是连续形态。作者曾经论述道德经中的道或无，是将道作为最高的范畴，即具有宇宙普遍规律和法则的普遍含义。同时，也是作为我们宇宙的总源起，具有物质属性。道从其物质属性的主要特征来看，非常类似于现在量子场论中的真空场，或暗能量。我们在此不想重复有关论述，只给出主要结论。道家从来都是紧紧地把握事物的整体联系。

现代量子论的新范式中的第二个要点：物质概念的泛化和动态化。科学家普遍认为不仅仅将具有类点状的基本粒子视为实体，而且，场和能量都同属于物质范畴。西方经典的物质概念一直统治着哲学界，如黑格尔等等。人们只熟悉物质常态的实物粒子，如质子、中子构成的物质。此类物质的特点是看得见、摸得着，可以用仪器直接观察到。就其结构而言它们具有明显的分离性。

我们必须强调，从19世纪法拉第、麦克斯韦提出电磁场的概念以来，现代科学家早已清楚在自然界还存在着一类连续形态的物质——场，如电磁场、胶子场、中子场、质子场等等。我们更不应该忘记量子论告诉我们，在自然界还存在着一种特殊的场——真空场。实际上，所谓实物粒子从本质上来说，也是与场物质分不开的。我们完全有理由认为，以暗能量、暗物质为代表的新的物质形态实质上是以道家为代表的物质观范式。

如果说希腊哲学开启了现代原子论的先河，开启了普通物质研究的广阔道路，我们完全有理由认为，老子的道德经是现代场论的先驱，是现代暗能量、暗物质探索的启迪者。在结束本书时，我们不由想起现代量子论奠基人波尔的话："作为原子论教材的对比，……在我们协调在人生壮剧中既是观众又是演员身份时，我们必须指向释迦和老子这样一些思想家已经遇到的那些认识上的问题。"

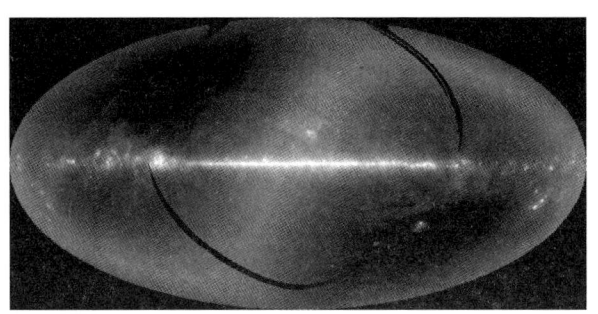

▲ 图 5-17 银河系星空图

图 5-17 为 2009 年 11 月 13 日 NASA 发布的水平方向上的银河系星空图,该图片由红外天文探测卫星 IRAS 花费六个月拍摄而成。这次发射升空的 WISE 任务与之相近,它将在 9 个月内扫描整个天空,搜寻那些人类未知的小行星和彗星等,对它们进行归类,并列出可能对地球构成威胁的天体。

本书从 2011 年 11 月基本定稿以来，已经过去 7 个月了。其间从科学的角度来说，宇宙学没有大的轰动发现。但是宇宙学的观察不断传来新的有趣发现：暗能量的存在又有更多的观测支持；发现宇宙中生命诞生可能是普遍的现象等。

美国太空网报道，科学家最近利用了美国宇航局星系进化探测器（GAL-EX）和澳大利亚英澳望远镜对 20 万颗星系（包括 70 亿年前的古老星系）为期 5 年的勘测结果表明，它们彼此之间持续快速膨胀的速度，强烈支持这种撕裂宇宙的神秘力量来自于暗能量。这次观察是利用两种不同方法独立检测暗能量。

一种方法是依据星系进化探测器绘制遥远宇宙最大的三维星系图，以帮助测定明亮年轻的星系，研究星系之间的距离规律；另一种方法是利用英澳望远镜的观测资料，研究成对星系的速度信息。星系群的引力牵引吸引着新星系，但暗能量却拖曳将其分离，因此，科学家可以根据星系的运行规律测定暗能量的排斥力。美国宇航局华盛顿总部天体物理学部主管乔恩—莫尔斯说："这一次使用完整的独立方法，星系进化探测器所获得数据将使我们更加坚定暗能量存在的信心。"

最近美国宇航局艾姆斯研究中心（NASA Ames Research Center）的一个外空生物科研小组声称，"利用美国宇航局斯皮策太空望远镜（Spitzer Space Telescope）最近的观测结果，天文学家在我们所居住的银河系内，到处都发现了一种复杂有机物'多环芳烃'（PAHs）存在的证据。但是这项发现一开始只得到天文学家的重视，并没有引起对外空生物进行研究的天体生物学家们的兴趣。因为对于生物学而言，普通的多环芳烃物质存在并不能说明什么实质问题。但是，我们的研究小组在最近一项分析结果中却惊喜的发现，宇宙中看到的这些多环芳烃物质，其分子结构中含有'氮'元素（N）的成分，这一意外发现使我们的研究发生了戏剧性改变"。这个结果表明，一类在生物生命化学中起至关重要作用的化合物，在广袤的宇宙空间中广泛而且大量地存在着。实际上，该小组的研究还使用了欧洲宇航局太空红外天文观测卫星的观测数据。在美国宇航局艾姆斯研究中心的实验室中，研究人员对这类特殊的多环芳烃，利用红外光谱化学鉴定技术对其分子结构和化学成分进行了全面分析，找到其中氮元素存在的证据。同时科学家利用计算机技术对这些宇宙中普遍存在的含氮多环芳烃，进行了红外射线光谱模拟分析。斯皮策太空望远镜的观测表明，宇宙中一些即将死亡的恒星天体周围，环绕其外的众多星际物质中，都大量蕴藏着这种特殊的含氮多环芳烃成分。在浩瀚的宇宙星空中，即使在死亡来临的时候，同时也孕育着新生命开始的火种。

在本书的写作中，两位作者有良好的合作关系。具体的撰写和材料采集由何敏华博士担任，全书的总纲和结构安排由张端明教授负责，最后全书定稿由两人合作裁定。总之，全书的工作量大部分落在何敏华博士的肩上。在本书的编辑、校对的过程中，责任编辑彭永东主任知识渊博，眼光锐利，表现出极强的敬业精神，本书在初稿中的许多疏失和不足，都由他一一指正。尤其值得感谢的是，正是由于他的鼓励和支持，我们才敢于承担本书的选题。同时本书的体例、结构方面，也得到他多方面的帮助。我们还要对方频捷博士、关丽博士、邹明清博士、杨凤霞博士后、李智华副教授以及龚云贵教授对于本书的选材、内容安排以及材料的校正等诸方面的大力帮助表示诚挚的感谢！最后我们要感谢我们的家人。本书的顺利出版如果没有我们家人的全力支持是不可想象的，在此我们向彭芳明老师、魏晓云老师、张彤先生、牟靖文先生等致以最衷心的谢意！

张端明 何敏华

2012 年 5 月